펭귄의 여름

남극에서 펭귄을 쫓는
어느 동물행동학자의 일기

펭귄의
여름

이원영 글·그림

생각의힘

극지에 가서 지내보고 싶다는 로망이 있다. 환경은 단순하고 그로 인해 삶도 단순해지며 스마트폰도 잘 터지지 않고 자연히 내면을 더 들여다보게 될 듯한 그곳에서 여러 날을 머물러보고 싶다. 물론 이것은 로망에 불과해, 나는 인간에게 가혹한 환경에서 잘 지낼 만한 위인이 못 된다.

그러나 내게는 로망을 대신 실현해주는 사람이 있다. 동물행동학자 이원영이다. 매년 겨울이면 남극으로, 여름이면 북극으로 극지의 동물과 생태를 연구하러 떠나는 그는 혹독한 추위도 나 대신 겪어주고, 몇 끼니씩 라면으로 때우며 캠핑을 하기도 하고, 펭귄의 분변을 뒤집어쓰거나 날개에 흠씬 두들겨 맞기까지 하면서도 관찰일지를 꼬박꼬박 써준다(펭귄이 분변을 발사하는 장면까지 세밀하게 그려서). 내 눈으로 직접 귀여운 펭귄들을 관찰할 수 없다는 건 아쉽지만 관광객들에게 자주 노출된 펭귄은 스트레스 호르몬이 증가하며 번식 활동에도 부정적인 영향을 받는다고 하니, 이 책으로 대신하는 게 펭귄에게도 내게도 이로울 것이다.

담담하게 읽어 내려가는 남극의 시간 속에서 어떤 펭귄은 돌아오지 않고, 어떤 펭귄은 죽는다. 그리고 내년이면 또 다른 새끼 펭귄들이 보송한 솜털을 입고 태어날 것이다. 내게 가장 인상적이었던 장면은 바람이 세찬 날, 바다에 뛰어들기가 겁나는지 1시간도 넘게 부서지는 파도를 맞으며 서 있던 펭귄들의 뒷모습이다. 펭귄들도 사는 게 녹록지 않구나. 그 모습이 한동안 마음에 남았다.

내가 꿈꾸기만 했던 로망 속에서라면, 나는 결코 이런 장면을 만나지는 못했을 것이다. 동물행동학자 이원영이 들려주는 이야기 덕분에 펭귄의 여름이 내가 사는 서울의 계절에 스며든다. 멋진 일이다. 이원영 박사님, 우리를 위해 계속 수고 좀 부탁해요.

김하나

《여자 둘이 살고 있습니다》 저자

팟캐스트 '책읽아웃: 김하나의 측면돌파' 진행자

차례

추천의 말   5

프롤로그   13

1부

여름의 시작

남극행   25

남극체험단   32

기지의 역사   38

칠레 방문단   43

펭귄마을   47

성장   53

떠남   59

공존   64

쿠이먼   69

블리자드   74

추적   78

포획   83

크리스마스이브   89

선물   95

기다림   99

2부

성장의 계절

아들레이 섬	107
실종	115
복귀	122
요리	127
송년	132
신년	136
온난화	142
두 번째 캠핑	147
반복	151
상처	156
펭귄의 후각	160
죽음	165
삶	170

3부

사랑의 방식

짝	177	에필로그	249
고쿠분	182	**부록** 영상으로 보는	255
새싹	188	펭귄의 여름	
발자국	192		
짚신벌레	196		
안개	201		
꿈	205		
조금은 특별한 사랑	209		
잠	213		
호기심	218		
단식	224		
보육원	228		
변화	233		
준비	237		
출남극	242		

내 머릿속에 남아 있는 가장 오랜 기억은 다섯 살 무렵 메뚜기를 잡던 장면이다. 손을 뻗어 간신히 1마리를 잡고 메뚜기 눈을 들여다보았다. 머리 양쪽 끝에 달린 2개의 커다란 겹눈 안으로 눈동자 같은 까만 점이 움직였다. 입체적인 눈의 움직임에 매혹됐던 기억이 난다.

어렸을 때부터 늘 동물을 좋아했다. 학교에서 장래 희망을 적으라고 하면 항상 생물학자라고 적었다. 고등학교 시절, 우연히 제인 구달 박사의 자서전 《제인구달—침팬지와 함께한 나의 인생》이라는 책을 읽은 밤은 잠을 이루지 못했다. 자연 속에서 동물을 관찰하며 살 수 있다면 얼마나 좋을까, 밤새 생각했다.

서른여덟이 된 지금, 나는 어느덧 생물학자가 되었다. 남극과 북극을 오가며 극지의 동물을 관찰하는 것이 내 일이다. 나를 사로잡은 동물은 펭귄이다. 펭귄의 눈은 크고 까만 원형처럼 보이지만 가까이서 자세히 들여다보면 갈색 홍채에 검은 동공이 바삐 움직인다. 마치 메뚜기의 눈과 같다.

처음부터 펭귄을 연구해야겠다고 생각하지는 않았다. 대학원에서 석사, 박사 과정을 하는 동안엔 까치의 부모 양육 행동을 연구했다. 학위를 마치고 새로운 분야를 공부해보고 싶었는데, 마침 극지연구소에서 남극 펭귄을 대상으로 일할 수 있는 기회가 열렸다. 남극에 가는 것만으로도 설레는데 펭귄이라니! 쉽지 않은 기회를 놓칠 수 없어 펭귄에 관한 문헌을 찾아 읽으며 남극에 갈 준비를 시작했다.

한국의 까치와 남극의 펭귄은 그 거리만큼이나 서로 다르게 생겼지만, 따지고 보면 둘 다 조류라는 점에선 많은 공통점이 있다. 펭귄도 까치처럼 매년 먹이가 많고 따뜻한 시기에 맞추어 알을 낳고 새끼를 키운다. 새끼가 어느 정도 크면 둥지를 떠나 독립하고, 부모는 이듬해 다시 같은 시기 같은 장소에서 번식을 한다. 까치는 하늘을 날고 펭귄은 물속을 난다는 차이만 있을 뿐 이들의 생활사는 비슷한 점이 많다.

2014년 12월, 남극에 처음 도착해서 펭귄 번식 조사를 시작했을 때는 육체적으로 꽤나 힘들었다. 펭귄 번식지는 바람이 타고 오르는 언덕에 있기 때문에 남극의 바닷바람과 추위를 견뎌야 한다. 수천 마리의 펭귄이 번식지에서 내뿜는 분변 냄새도 지독하다. 한국의 따뜻한 봄날, 까치를 연구하던 시절이 그리웠다.

하지만 실제 남극에서 만난 펭귄은 귀여워도 너무 귀여웠다. 커다란 눈, 검은 등에 하얀 배, 분홍 발로 뒤뚱거리며 눈 위를 걷는 모습을 보고 있으면 연구 대상이라는 생각보다는 그저 사랑스러운 남극의 동물로 느껴진다. 그렇게 매일 펭귄을 바라보다가 그만, 펭귄이 너무 좋아졌다. 지금은 흔히 말하는 '덕후'가 되어 틈나는 대로 펭귄을 그리고 인형을 수집한다. 처음보다 호기심이 커져서 궁금한 점도 많아졌다. 펭귄은 하루에 얼마나 자랄까? 언제쯤 둥지를 떠날까? 겨울엔 남극을 떠나 어디로 가는 걸까?

올해로 5년째, 매년 겨울이면 남극에 간다. 12월부터 이듬해 1월까지, 따뜻한 남반구의 여름은 동물들이 번식하는 기간이다. 수천 쌍의 펭귄은 좁은 육지에 빽빽하게 들어차 둥지를 틀고 알을 낳는다. 그 기간 동안 나는 둥지 앞에서 기다리다가 부모 펭귄을 잡아 위치기록계를 부착하거나 새끼가 얼마나 컸는지 무게를 재고 성장치를 측정한다. 내게 남극의 여름은 매일같이 펭귄에게 다가가 궁금증을 해결하려 애쓰는 시간이다.

이 책은 펭귄과 함께 보낸 어느 해 여름, 43일 동안 남극세종과학기지에 머물면서 남긴 기록이다. 43일은 한 달하고 그 절반밖에 되지 않는 짧은 기간이지만, 펭귄이 알에서 깨어나 둥지를 나오고 보육원에 들어가기까지는 충분한 시간이다. 펭귄은 남극의 짧은 여름을 압축해서 살았다. 낮이고 밤이고 부모는 분주히 바다로 나가 먹이를 잡아 왔고, 새끼는 하루가 다르게 커갔다. 하루는 일주일처럼 길었다. 나 역시 그들 옆에서 분주히 그들을 기록했다. 본업인 생태 연구를 하면서 틈틈이 그림을 그리고, 글을 남겼다.

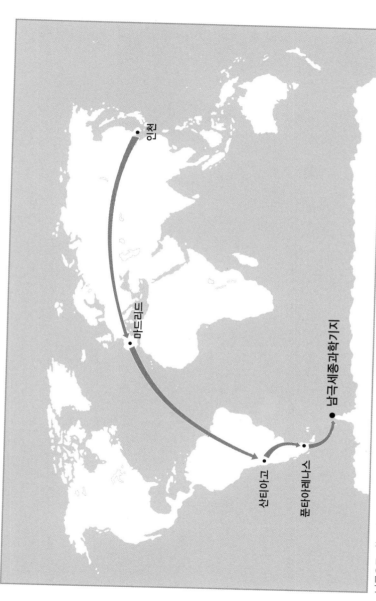

남극으로 가는 경로

인천

마드리드

남극세종과학기지

산티아고

푼타아레나스

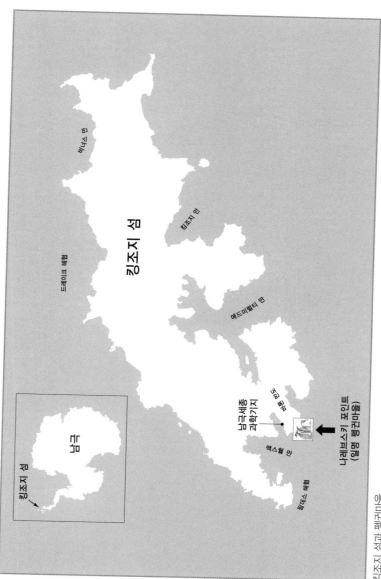

드레이크 해협

빅터스 만

킹조지 만

킹조지 섬

애드미럴티 만

남극

킹조지 섬

맥스웰 만

남극세종
과학기지

바톤 반도

나레브스키 포인트
(일명 펭귄마을)

필데스 해협

킹조지 섬과 펭귄마을

1부

여름의
시작

일러두기
이 일기는 2017년 12월 12일부터 2018년 1월 23일까지 쓰인 것으로, 본문에서는 따로 연도를 표기하지 않았습니다.

남극행

12월 12일
최저 영하 1도, 최고 영상 1도
흐림, 남서풍 풍속 7~12 m/s

푼타아레나스 호텔의 방에서 메시지를 받았다.

새벽 4시 호텔 픽업, 오전 7시 출발.

지금은 새벽 1시, 아무래도 잠을 자긴 글렀다. 무거운 몸을 일으켜 침대에서 나와 짐을 챙겼다. 극성수기인 12월 푼타아레나스의 호텔은 하룻밤에 20만 원가량 나간다. 값비싼 샤워를 하고 방을 비웠다.

남극으로 향하는 일정은 흡사 군사작전을 방불케 한다. 세종기지가 있는 킹조지 섬King George Island 부근은 기상 조건이 자주 바뀌기로 유명하다. 예정된 출발일은 12월 11일이었지만 벌써 하루가 지연됐다. 킹조지 섬에 있는 비행장에 구름이 끼어 시야 확보가 되지 않아 비행 허가가 나지 않았기 때문이다. 우리는 24시간 동안 대기 상태로 있다가 공항의 허가가 떨어지는 대로 곧장 출발해야 한다. 만약 오늘도 허가가 나지 않으면 출국은 일주일 뒤에나 가능할지도 모른다고 했다.

우리가 탈 비행기는 칠레 공군기다. 칠레의 군사훈련 일정상 킹조지 섬으로 가는 길에 우리들을 태워주기로 했다. 공군기를 타기 위해 칠레 군사기지로 들어가는 입구에서 여권을 확인하고 주의 사항을 전해 들었다. 공군기에 타기 전, 기내에 화장실이 없으니 미리 볼일을 보라는 공지가 있었다. 비행시간은 대략 3시간 정도로 짧지만, 혹시 모르니 화장실에 다녀왔다. 군인들은 공군기에서 위급한 상황이 닥치면 어떻게 해결할까. 정말 급한 상황에 대비해 요강 같은 걸 가지고 타지 않을까.

칠레 공군기엔 따로 좌석이 마련되어 있지 않았다(예고된 것처럼 화장실도 보이지 않았다). 좁은 공간에 두 줄로 마주 앉을 수 있는 철제 구조가 있고 거기에 튼튼한 끈이 연결되어 해먹 같은 의자를 만들어놓았을 뿐이다. 약 30명의 사람들이 어깨가 닿을 듯이 붙어 앉아 허술해 보이는 벨트로 허리를 채웠다.

예정대로 오전 7시가 되자 비행기가 이륙했다. 민간 항공기에 비하면 굉장한 소음이다. 쇠사슬이 거칠게 부딪치는 듯한 소리가 리듬을 맞춰 끊임없이 귀를 때린다. 내 옆자리에 앉은 사람이 뭐라고 말을 걸었지만 잘 들리지 않았다. 휴대전화를 꺼내 문자메시지를 적어가며 짧은 대화를 나눴다.

처음엔 버틸 만하다고 생각했는데 30분 정도 지나니 머리가 아파오기 시작한다. 결국 대화를 포기한 채 이어폰을 꽂고 볼륨을 최대로 높였다. 비행기 소음은 여전했지만 그런대로 참을 만했다.

*

창밖으로 육지가 보이기 시작했다. 세종기지의 붉은 컨테이너 건물이 눈에 들어왔다. 공군기는 바다에 닿을 듯 낮게 날더니 이내 심한 진동과 함께 비행장에 착륙했다. 어깨를 나란히 했던 사람들이 한 몸처럼 일제히 비행기 앞쪽으로 쏠렸다가 제자리로 돌아왔다. 비행기 후미의 커다란 문이 위로 열리고 눈으로 뒤덮인 땅이 드러났다. 남극에 왔구나. 차가운 공기가 훅 들어오자 남극에 왔다는 사실이 온몸으로 전해졌다.

올해로 네 번째 남극행이다. 일행 중 남극에 처음 온 사람은 비행기가 착륙하자 주르륵 눈물을 흘렸다. 3년 전 내 모습이 겹친다. 눈물을 흘리진 않았지만 남극에 닿았다는 사실이 감격스러워 아무런 말이 나오지 않았던 날. 차가운 바람에 섞여 날리는 눈이 따듯하게 느껴졌던 기억이 난다.

비행장에서부터 세종기지까지는 고무보트를 타고 이동한다. 후미에 태극기를 단 보트가 비행장 인근 바닷가에서 우릴 기다리고 있었다.

"남극에 오신 걸 환영합니다."

기지에서 나온 해상안전대원이 손을 흔들었다.

"나와주셔서 감사해요!"

반가운 마음에 나도 모르게 크게 대답했다. 긴장했던 몸과 마음이 조금은 느슨해졌다. 함께 온 10명의 일행들 표정도 다들 밝아졌다. 보트는 바다를 가로질러 기지로 향했다. 수면으로 튀어 오르는 젠투펭귄 2마리가 눈에 띄었다. 남극에

왔다는 사실이 다시 한번 실감 났다.

30분쯤 지나 보트는 세종기지 앞 부두에 닿았다. 1년 전 세종기지에서 함께 생활했던 대원들이 마중을 나와 있다. 지난해에도 나는 이맘때 남극에 왔다가 2월에 한국으로 돌아갔고, 월동대원들은 기지에 남아 겨울을 보냈다. 열 달 만에 보는 얼굴들이 너무 정겹다.

기지 내 식당으로 간 우리는 따뜻한 흰쌀밥에 김치찌개를 먹었다. 마치 한국으로 돌아온 것 같다. 반가운 사람들과 인사를 나눴지만 아직 보고 싶은 얼굴들이 더 있다. 서둘러 짐 정리를 마치고 등산화와 작업복을 챙긴 뒤, 카메라와 노트를 가방에 넣었다. 본격적인 조사는 아니지만 잠시 펭귄을 보러 가기로 했다.

'펭귄들은 잘 살고 있을까?'

'올해 번식 상황은 어떨까? 지금쯤 젠투펭귄의 알은 부화했겠지?'

그런 생각을 하면서 해안을 따라 걷다 보니 30분쯤 지나 펭귄들의 번식지에 도착했다. 해안가엔 나를 마중 나온 건지 턱끈펭귄 3마리도 보였다. 번식지에 다다르자 으에엥 - 으에엥 - 시끄러운 울음소리와 함께 분변 냄새가 코를

찌른다.

지금 12월의 남극은 여름이 한창이다. 기온이 영상으로 오를 만큼 날씨가 따뜻해지고 해빙이 녹아 바다가 드러나면 '나레브스키 포인트Narebski Point'라 불리는 이곳 펭귄마을엔 젠투펭귄과 턱끈펭귄 5천여 쌍이 모여 둥지를 만든다. 펭귄들은 올해도 예년과 마찬가지로 같은 자리에서 번식을 하고 있다. 번식하는 펭귄의 숫자가 크게 달라진 것 같지는 않다. 턱끈펭귄은 대부분 아직 알을 품고 있고 젠투펭귄은 부화한 둥지가 꽤 많이 보인다. 이제 막 알에서 깨어나고 있는 새끼들도 눈에 띄었다.

펭귄들은 여전히 바쁘게 살고 있었다. 1시간가량 번식지를 둘러보고 다시 기지로 돌아와 침대에 몸을 눕혔다. 벌써 이틀째 거의 잠을 이루지 못했다. 피로감이 몰려왔다.

포란 중인 젠투펭귄.
발 위에 알을 올려놓고 포란반Brood patch으로 감싸고 있다.
검은색 매니큐어를 칠한 듯한 발가락.

남극체험단

12월 13일
최저 영하 1도, 최고 영상 1도
흐림, 남동풍 풍속 3~6 m/s

올해는 남극체험단이 세종기지를 방문했다. 한국에서 일반 국민을 대상으로 남극체험단을 뽑은 건 이번이 처음이다. 7월에 모집을 시작해 총 670명의 사람들이 지원했고, 자기소개 영상, 대국민 투표, 심층 면접 과정을 거쳐 최종 4명이 선발되었다. 영상 촬영을 취미로 하는 회사원 공승규 씨, 환경과 생태에 관한 동화를 그리는 작가 전현정 씨, 아마추어 인디밴드에서 활동하는 취업 준비생 이소영 씨, 항암 치료를 마치고 혈액암협회에서 일하는 정승훈 씨까지 다양한 분야에서 일하는 분들이 남극에 오게 되었다. 그리고 마침 남극으로 들어가는 일정이 같은 내가 체험단장으로 인솔을 맡았다.

우리는 지난달에 있었던 체험단 발대식 때 처음 인사를 나눴고, 남극으로 출발하는 인천공항에서 두 번째로 만났다. 아직은 서로 어색하지만 남극에 들어오는 여정을 함께하면서 조금은 친해졌다. 특히 푼타아레나스에서 남극행 비행기를 기다리며 많은 이야기를 나눴다. 다들 남극에 대해 많은 공부를 해 남극의 날씨부터 남극에 사는 식물과 동물까지 잘 알고 있었지만 책 속에 있는 지식들 너머 진짜 남극의 모습을 알고 싶어 했다. 며칠만 기다리면 남극에 도착하는데도 과학자가 느낀 남극의 모습이 어떤지 궁금해했다.

그렇게 밝은 남극의 첫날 아침이지만 다들 피곤한 기색이 역력하다. 나는 아침을 먹는 둥 마는 둥 연신 하품을 했다. 세종기지와 한국은 꼭 12시간의 시차가 있다. 정반대의 시간 때문에 아침부터 정신이 몽롱하다. 굳이 좋은 점을 꼽자면 손목시계의 시간을 조정할 필요가 없다는 것이다. 오전, 오후만 뒤바꿔서 생각하면 된다.

체험단원들은 남극에서 각자가 하고 싶었던 일을 하나씩 시작했다. 승규 씨는 카메라와 드론 장비를 챙겨 남극을 영상으로 담았고, 현정 씨는 남극에서 생활하는 사람들과 인터뷰를 하고 글을 썼다. 소영 씨는 준비해온 원두와 그라인더로 커피를 내려 사람들과 나누었고, 승훈 씨는 암 판정을 받기 전 대학 시절부터 공부했던 기후학 분야의 연구자들과 함께 기상관측소를 방문했다. 내 역할은 그저 단원들과 함께 다니면서 안전상 유의할 점을 일러주고, 이제껏 내가 겪은 것들 가운데 인상적인 몇 장면을 나누는 것 정도였다. 바닷물에 손을 담그면 얼마나 차가운지, 빙하에 혀끝을 대면 감촉이 어떤지, 남극의 바람이 기지의 건물에 부딪히며 내는 소리는 어떤지, 온몸의 감각으로 이곳을 느껴보길 권했다.

*

　체험단 활동을 진행하며 조금씩 짬을 내 계획했던 펭귄 조사를 시작했다. 펭귄 번식지엔 2천 쌍이 넘는 젠투펭귄이 있지만 모든 펭귄을 관찰하는 것은 매우 힘들 뿐만 아니라 펭귄들에게도 큰 고통을 줄 수 있는 일이다. 그래서 연구자들은 매년 20쌍 정도의 둥지를 골라 부모 펭귄들의 잠수 행동을 확인하고 있다.

2천 쌍의 펭귄 중 20쌍의 펭귄을 고르는 데는 몇 가지 기준이 있다. 첫 번째는 새끼의 건강이다. 가장 먼저 2마리의 새끼가 모두 발육 상태가 좋은지 확인한다. 부모에게 먹이를 잘 받아먹어 통통하게 살이 오른 녀석들이 좋다. 두 번째는 부모의 건강이다. 깃털 빛깔이 좋고 덩치도 커 보이는지를 확인한다.

그렇게 고른 부모 펭귄들에게는 특별한 장치를 부착한다. 초 단위로 위치를 저장하는 위치기록계다. 이 장치에 기록된 위치 정보가 펭귄들이 어디에 가서 주식인 남극 크릴 Antarctic Krill을 잡아먹었는지를 알려주는데, 그 정보를 얻으려면 펭귄에게 부착했던 위치기록계를 회수해야 한다(이 장치는 워낙 고가이기도 하다). 바다에 나갔을 때 포식자에게 잡아먹히지 않고 살아서 돌아올 거라는 확신을 줄 만한 건강한 부모 펭귄을 고르는 이유는 그 때문이다. 이 조사가 무사히 진행된다면 이번 번식기가 끝날 즈음 펭귄들의 취식지가 예년에 비해 어떻게 변했는지, 새끼들을 성공적으로 잘 키워냈는지 알아낼 수 있을 것이다.

빼곡하게 들어찬 젠투펭귄 둥지들을 세심히 살핀 끝에 알에서 새끼가 깨어난 지 하루가 채 되지 않아 보이는 세 가족

을 골랐다. 그 둥지들 옆에는 작은 쇠말뚝을 박아 표시를 해
두었다. 당분간 3쌍의 둥지는 새끼들의 성장도 함께 지켜
볼 생각이다.

포란반 속에 2개의 알을 품고 있는 젠투펭귄.
약 34일간 온기를 유지한다.

기지의 역사

12월 14일
최저 영하 1도, 최고 영상 1도
흐리고 비 그리고 눈 조금, 동풍 풍속 10~16 m/s

세종기지는 1988년 서울올림픽이 열리던 해에 지어졌다. 철제 컨테이너로 세워진 건물들은 이제 칠이 벗겨질 정도로 낡았다. 옆방에서 코를 고는 소리가 고스란히 들릴 정도로 방음이 되지 않고, 침대 스프링은 누울 때마다 쳇소리를 낸다. 심지어 귀신이 나온다는 소문이 떠도는 방도 있다. 그러나 이제 한 달만 지나면 모두 역사 속으로 사라진다. 2016년부터 시작된 신축 건물 공사가 거의 끝나가고 있다.

아직 완성되진 않았지만 새로 짓는 기지의 내부를 들여다

보니 방도 크고 튼튼해 보인다. 적어도 귀신이 나올 것 같진 않다. 30년 동안 사람들의 손때가 묻은 옛 기지 건물은 역사관으로 바뀌어 처음 기지 위치를 선정하기 위해 인근 후보 지역을 탐사했던 기록들, 연구자들이 쓰던 조사 장비들, 대원들이 입었던 옷과 장갑 등을 전시한다고 한다. 옛 침대와 책상을 그대로 남겨둔 방 하나도 커다란 유리장 안으로 들어가 전시될 예정이다.

세종기지에서 식당이 있는 건물의 한쪽 벽면엔 이곳에서 생활한 사람들의 사진이 걸려 있다. 나는 종종 식사를 마치고 가만히 서서 벽에 걸린 사진들을 본다. 제1차 월동대원들의 흑백사진이 가장 앞에 있다. 대원들은 모두 검은 선글라스를 쓰고 방한 유니폼을 맞춰 입고서 근엄한 표정으로 카메라를 응시하고 있다.

1988년, 한국의 첫 남극행에서 기지대장은 지질학자인 장순근 박사였다. 그는 내가 극지 연구를 시작했을 때는 이미 은퇴한 뒤였지만, 지금도 자문위원으로 극지연구소에서 일하고 있다. 연구소에 있는 그의 방 한편은 각종 동물의 뼛조각과 고서들이 자리를 차지하고 있다.

그런 그가 한번은 내가 어느 신문사에 기고한 글을 읽

고 전화를 걸어온 적이 있었다.

"이원영 박사, 나 장순근인데 극지 동물에 관한 글 잘 읽었소. 그런데 물어볼 게 있어서 연락했어요. 박쥐처럼 반사되는 음파를 이용하는 조류는 없나? 그냥 궁금해서 말이야. 허허."

나는 박쥐처럼 어두운 동굴에 사는 기름쏙독새Oilbird의 연구 사례를 정리해서 말씀드렸다.

*

1830년에 출판된 지질학자 찰스 라이엘의 책《지질학의 원리Principles of Geology》는 오랜 세월에 걸친 지층의 변화 과정을 담고 있다. 1831년 비글호 항해를 떠난 찰스 다윈은 배 안에서 이 책을 곁에 두고 읽으며 생명체도 지층과 마찬가지로 시간에 따라 변할 수 있다는 생각을 하게 되었고, 이때의 기록을 모아 1839년《비글호 항해기The Voyage of the Beagle》를 출판한다. 자연 선택설에 기반한 다윈의 진화론은 생물학뿐만 아니라 철학과 사회과학 분야에도 큰 영향을 끼쳤다.

장순근 박사는 1990년 1월, 남극에서 연구를 마치고 귀국하던 중 뉴욕의 한 서점에서《비글호 항해기》원서를 구입해

읽다가 책에 푹 빠졌다. 결국 그해 말부터 이듬해 초까지, 1년이 조금 넘는 월동 기간 동안 그 책을 한국어로 옮기는 작업을 했고, 1993년 한국에 완역본이 나왔다. 그리고 지금 내 책상엔 장순근 박사의 사인이 담긴 책이 놓여 있다. 지층이 쌓이며 그 틈에 생물의 흔적이 남는 것처럼 200여 년 전 라이엘의 《지질학의 원리》는 다윈의 《비글호 항해기》에 전달되었고, 그 책이 다시 장순근 박사의 손을 빌어 지금 내 서재에 꽂혀 있다.

장순근 박사가 퇴직을 하며 동료들에게 나누어준 물품 가운데서 다윈의 사진을 하나 얻어 와 연구실 책상에 걸어두었다. 연구를 하다가 막히는 부분이 있거나 집중이 잘되지 않을 땐 가끔 다윈의 초상을 물끄러미 바라본다. 액자 속 사진엔 머리가 벗겨지고 수염이 가득한 영국 사람의 흑백 상반신이 있다. 나에게 다윈은 우상이다. 150년 전에 나온 그의 자연 선택과 성 선택 이론이 동물행동학의 시작이 되었다. 이는 지금도 동물의 행동을 설명하는 기초가 되며 나 역시 다윈의 이론에 기대어 펭귄의 행동을 연구하고 있다.

태어난 지 3일째 젠투펭귄 형제 혹은 자매 혹은 남매.
서로 몸을 기대고 체온을 나눈다.

칠레 방문단

12월 15일
최저 영하 2도, 최고 영상 1도
약한 비, 남서풍 풍속 3~7 m/s

오늘은 칠레의 중학생과 예술인 들이 세종기지를 방문했다. 이웃 주민을 만나는 기분으로 반갑게 인사를 하고 조각을 하는 사람과 잠시 얘기를 나누었는데 진지하면서도 깊은 눈빛을 가진 노인이었다. 30년이 넘는 세월을 나무 조각에 매달려왔다는 그는 그 자리에서 손바닥 정도 크기의 나무 조각을 꺼내어 칼로 다듬기 시작했다. 섬세한 눈빛으로 나무를 바라보며 손을 부산하게 움직이는 모습이 윤오영의 수필 〈방망이 깎던 노인〉 속 방망이 깎는 장인을 떠올리게 했다.

나무에는 어느새 세종기지를 뜻하는 'King Sejong Station'이라는 글자가 새겨졌다. 그는 기지에 방문한 기념 선물이라며 조각을 건넸다.

한국 연구자들을 위한 공연이 준비되어 있다는 얘기에 서둘러 휴게실로 들어갔더니, 임시로 마련된 작은 무대 위에 짙은 선글라스에 곱슬하고 긴 머리를 한 사내가 있었다. 누군가 칠레에서 굉장히 유명한 가수라고 귀띔해줬다. 자신을 '페르난도'라고 소개한 남자는 어깨에 메고 있던 기타를 치며 노래를 불렀다. 스페인어 가사를 알아들을 순 없었지만 후렴에서 '오로라'라는 단어가 반복되어 남극의 오로라를 생각하며 들었다. 남극의 12월은 백야 기간이기 때문에 오로라를 볼 수 없지만, 남미의 서정적인 멜로디는 밝은 저녁 하늘에도 잘 어울렸다.

칠레의 가수가 노래를 했으니 한국에서 답가를 부르는 것도 괜찮겠다고 생각했다. 나는 페르난도에게 우리 기지에도 한국에서 온 예술인들이 있다고 소개했다. 페르난도는 한국 예술가의 노래를 듣고 싶다며 의자에서 내려와 칠레 학생들 틈으로 들어가 앉았다.

남극체험단으로 온 소영 씨가 우쿨렐레를 꺼내어 〈바람

이 불어오는 곳〉을 불렀다. "바람이 불어오는 곳, 그곳으로 가네. 그대의 머릿결 같은 나무 아래로. 덜컹이는 기차에 기대어 너에게 편지를 쓴다…." 페르난도의 오로라 노래와 어딘가 통하는 느낌이 들었다. 한국어로 된 가사가 칠레 사람들에게도 제대로 전달이 되었는지 노래가 끝나자 박수가 터져 나오며 앙코르 요청이 이어졌다.

그때 소영 씨가 갑자기 내 팔을 잡아당겼다. 혼자 〈춘천 가는 기차〉를 부르고 있기에 나도 따라서 흥얼거린 적이 있었는데, 소영 씨는 그 순간 그때의 노래가 생각난 것 같다. 무척이나 당황스러웠지만 도저히 사양할 분위기가 아니었다. 어떻게 불렀는지 잘 기억나지도 않지만 아마 엉망이었을 것이다. 노래를 마치고 귀가 빨개져서 자리로 돌아갔던 것만이 기억난다. 자리로 돌아온 내게 페르난도가 악수를 청하면서 자신의 이름이 새겨진 스티커를 건넸다.

남극에서, 칠레 중학생들과 가수 앞에서, 노래를 부르게 될 줄이야. 대학 신입생 시절 장기 자랑으로 노래를 부르고서 부끄러움에 괴로워했던 때가 떠올랐다.

펭귄마을에 놀러 온 아델리펭귄.

펭귄마을

12월 16일
최저 영하 2도, 최고 영상 1도
구름 조금, 서풍 풍속 3~7 m/s

어제 내린 눈이 기지 뒤편에 곱게 쌓였다. 아무도 밟지 않은 눈이 하얗게 빛난다. 눈을 뜨기가 힘들 정도로 반짝인다. 썰매를 타기에 좋은 날씨다. 남극체험단원들과 함께 가파른 언덕을 올라갔다. 발이 눈 속으로 깊게 빠지는 바람에 걷기가 힘들었지만 언덕 위에 다다르니 파란 바다가 내려다보인다. 각자 하나씩 준비해 온 플라스틱 썰매에 엉덩이를 대자 순식간에 가속이 붙으며 눈 위를 미끄러진다. 중간에 썰매가 뒤집어져 눈 위를 데굴데굴 구르고 다시 썰매를 집어 들어 끝까지 내려갔다. 내려가는 동안 느껴지는 차가운 바람이 상쾌했다.

기지로 돌아오니 몸에 한기가 느껴졌다. 온기가 필요했다. 한국에서 가져온 원두를 조금 꺼내 핸드밀로 갈았다. 굵은 소금처럼 부서진 원두 가루에서 금세 향긋한 냄새가 퍼진다. 끓는 물을 천천히 부어 커피를 내리다 보니 마시기도 전에 이미 몸이 따뜻해졌다.

*

오후엔 체험단을 인솔해 펭귄 번식지로 향했다. 펭귄 번식지의 공식 명칭은 나레브스키 포인트. 킹조지 섬의 암석을 연구했던 폴란드의 지질학자 보이치에흐 나렝프스키Wojciech Narębski의 성을 따서 지어진 이름이다. 하지만 세종기지를 방문하는 한국 연구자들은 예전부터 이곳을 펭귄마을이라고 불렀다. 잘 알지 못하는 폴란드 학자의 이름 대신 펭귄들이 모여 사는 거주지라는 뜻으로 보다 친근한 명칭을 붙인 것이다. 개인적으로는 펭귄마을이라는 이름이 마음에 든다. 그 이름을 들으면 집집마다 펭귄들이 모여서 사는 작은 바닷가

마을의 정경을 상상하게 된다.

펭귄마을은 생물학적 중요성을 인지한 대한민국의 발의로 2009년에 남극특별보호구역Antarctic Specially Protected Area 171호로 지정되었다. 이곳은 턱끈펭귄 3천 쌍, 젠투펭귄 2천 300쌍이 사는 펭귄 번식지이자 갈색도둑갈매기, 남극제비갈매기 등 9종의 조류가 번식하는 곳이기도 하다. 육상엔 현화식물 1종, 선태식물 29종, 지의류 51종도 있다. 따라서 아무나 들어갈 순 없고 국가의 사전 허가를 얻어 출입이 허용된 사람만 갈 수 있다. 나를 포함해 주로 과학적인 목적을 가진 연구자들이 펭귄마을을 방문한다. 가끔 다른 기지에서 온 외국 연구자들을 마주치기도 하는데, 그럴 때면 반갑게 인사하면서 각자의 나라에서 받아온 허가증을 서로 보여 준다(제대로 허가증을 받고 온 사람인지 서로를 감시하는 기능도 있다).

체험단은 펭귄을 가장 궁금해하고 보고 싶어 했다. 남극에 오기 전 주변 사람들에게 '펭귄과 함께 춤을 추며 노래를 불러달라'거나 '펭귄 새끼를 1마리 데려다달라'는 등 펭귄과 관련된 얘기도 많이 들었다고 했다. 물론 진지한 부탁은 아니었겠지만 걱정스러웠다. 펭귄은 남극 생태계의 상위 포식자로서 중요한 역할을 하고 있는 동물인데 우리에겐 그저 귀여운 동물로 각인되어 하나의 이미지로 소비되는 경향이 크다. 각종 만화, 액세서리, 캐릭터 상품 등에 등장하지만 정작 펭귄의 생태적 특징에 대해 우리가 알고 있는 사실은 매우 적다. 번식지에 들어가는 초입에서 나는 사뭇 진지한 표정을 하고 체험단으로 오신 분들께 '식생을 발로 밟지 말 것'과 '펭귄 둥지에 가까이 가지 말 것'을 당부하며 야생동물은 유희의 대상이 될 수 없음을 설명했다. 다들 고개를 끄덕이며 펭귄을 괴롭히지 않겠다고 약속했다.

펭귄마을을 돌아보고 나오는 길에 체험단 중 한 분은 이렇게 말했다.

"남극에 오기만 하면 펭귄이 기다리고 있을 줄 알았어요. 펭귄의 모습을 코앞에서 볼 수 있을 거라 생각했거든요. 제가 오해했어요. 펭귄들이 살아가는 곳에 방해자가 들어오면 싫어하는 게 당연할 텐데요."

나도 처음 펭귄 조사를 시작했을 때는 펭귄 옆에서 사진을 찍기도 했다. 하지만 인간의 방해가 펭귄들에게 미치는 영향에 대해 연구하기 시작하면서는 그럴 수가 없었다. 겉으론 아무렇지 않아 보여도 사람이 가까이 다가가면 펭귄의 심

장박동수는 크게 증가하고, 자세히 보면 날개를 미세하게 떨고 있었다. 관광객들에게 자주 노출된 펭귄은 스트레스 호르몬이 증가하면서 번식 활동에도 부정적인 영향을 받는다.

체험단 중 한 분의 말을 곱씹으며 과학자임에도 불구하고 사람들에게 자랑하고 싶은 마음이 앞서 펭귄 옆에 다가가 사진까지 찍었던 과거를 반성했다.

펭귄마을에서 번식 중인 젠투펭귄.
알을 품던 중 가까이 다가온 인간의 방해에
입을 벌리며 공격적인 행동을 보인다.

성장

12월 17일
최저 영하 2도, 최고 영상 1도
맑음, 서풍 풍속 4~8 m/s, 밤부터 강한 바람

최근 며칠 사이 많은 젠투펭귄 새끼들이 부화했다. 갓 태어난 새끼와 함께 알껍데기가 둥지에 그대로 남아 있다. 갓 부화한 새끼는 짙은 회색빛 솜털로 덮여 있고 눈은 거의 감겨 있다. 부리 끝엔 희고 뾰족한 난치Egg tooth가 보인다. 난치는 약 35일간 알 속에서 발달해 알을 깨고 나올 때 사용한다. 세상으로 나온 새끼는 이제 폐로 숨을 쉬며 음식을 섭취해야 한다. 당장 부모에게 먹이를 받아먹지 않아도 복부에 남아 있는 난황Yolk(알의 노른자위)으로 버틸 수 있지만 1~2일 이내로는 외부에서 영양분을 공급받아야 한다.

아직 알을 품고 있는 부모 펭귄들은 매우 조심스럽다. 둥지라고 해봐야 돌을 쌓아 올린 것에 불과하기 때문에 알이 몸 밖으로 노출되면 금세 온도가 떨어진다. 부모는 발 위에 알을 올리고 배로 품어준다. 번식기 펭귄의 배 안쪽에는 맨살이 드러나 검붉은 피부가 그대로 보이는 포란반이 형성된다. 포란반은 혈관이 지나는 곳이기 때문에 알 표면과 접촉하여 온기를 전하는데, 그 면적은 알 2개가 들어갈 수 있을 정도다. 아르헨티나의 멜리나 바리오누에보Melina Barrionuevo 박사가 마젤란펭귄의 포란반을 조사한 연구에 따르면, 평균 12.83제곱센티미터 넓이에 평균 온도는 35.35도였다.

짝짓기를 마친 젠투펭귄 부부는 작은 돌을 쌓아서 배를 깔고 엎드리면 딱 맞을 정도의 크기로 둥지를 만든다. 근처에 있는 돌을 쓰기도 하지만 여의치 않으면 가까운 언덕 비탈까지 가서 부리로 돌을 물어 하나씩 가져온다. 둥지를 만드는 데 사용된 돌의 개수가 궁금해서 비교적 최근에 버려진 둥지 5개를 골라 돌을 세어보았더니 적게는 400

개에서 많게는 600개가 넘었다. 둥지가 어느 정도 완성되면 2개의 알을 낳아 암수가 번갈아가며 알을 품어준다.

새끼 펭귄은 삐악삐악 병아리 울음 같은 소리를 내며 먹이를 달라고 조른다. 부모 펭귄의 육아 분담은 동등하다. 부부는 교대로 바다에 나가서 먹이를 배 속에 담아 오고 그것을 어린 펭귄이 먹을 수 있을 만큼 조금씩 토해서 먹인다. 새끼가 소리를 내면서 부모의 부리 끝을 쪼는 듯한 행동을 하면, 부모는 그에 반응해 고개를 기울여 반쯤 소화된 듯한 죽 같은 먹이를 조심스레 전달한다. 가끔 너무 많이 주려다가 먹이를 흘리기도 하는데 그럴 때 바닥에 흘린 먹이를 담아와 흩트려보았더니 대부분 크릴이었다.

*

최근 젠투펭귄 부부 1쌍을 눈여겨보고 있다. 엄마로 보이는 녀석의 눈 주변에 흰 점이 많고 부리 윗부분에 오렌지 빛깔의 무늬가 있어서 짝과 구분이 된다. 내가 처음 펭귄 마을에 온 날 그 부부의 새끼 2마리가 알에서 부화 중이었다. 갓 부화한 새끼들의 몸무게는 90그램 정도였다. 5일째인 오늘은 각각 185그램, 160그램으로 2배가량 증가했다. 많이 크긴 했지만 기대했던 것만큼은 아니다. 두 손으로 들었을 때도 통통하거나 묵직한 느낌이 들지 않는다. 비슷한 시기에 태어난 옆 둥지 새끼들의 무게를 달아보니 340그램, 280그램이다. 이 녀석들… 잘 클 수 있을까?

보통 관찰노트를 작성할 때는 젠투펭귄의 이니셜을 딴 'G'에 순서별로 숫자를 붙여 G01, G02와 같이 표기하지만 이 펭귄 가족에겐 특별한 이름을 붙이고 싶었다. 젠투펭귄이라는 명칭은 종을 상징하는 고유명사다. 펭귄들은 저마다 조금씩 다른데 모두 다 젠투펭귄이라고 묶어서 부르는 것은 어쩐지 공평하지 않다는 생각이 들었다. 인간에게 H01, H02라고 부르지 않는 것처럼 펭귄을 사람과 동등한 지구상의 한 존재로 이해하고 싶었다. 이해의 첫걸음은 개체 수준에서 의미를 부여하는 것일지 모른다. 우리는 모두 다 다른 얼굴, 다른 몸집을 하고서 각자의 이름을 가지고 있다. 펭귄을 관찰하면서 자꾸만 공평함을 고민하게 된다.

영장류학자인 제인 구달 박사는 탄자니아 곰베Gombe에서 침팬지를 관찰하며 흰 수염이 있는 녀석에게 '데이비드 그레이비어드David Greybeard'라는 이름을, 덩치가 큰 녀석에게 '골

리앗Goliath'이라는 이름을 지어주었다. 연구자가 동물에게 이름을 붙이고 관찰한다는 사실 때문에 당시 큰 비판을 받았고, 여전히 부정적으로 생각하는 학자들도 있다. 하지만 내가 보기에 구달 박사는 멋진 동물들에게 그에 걸맞은 멋진 이름을 지어주었을 뿐이다.

젠투펭귄 가족에게 붙여줄 그럴듯한 이름이 잘 떠오르지 않아서 고민하다가 남극세종과학기지의 이름을 따기로 했다. 그래, 아빠는 '세종'이라고 부르자. 그러면 엄마는 '남극'. 새끼 2마리는 남극의 여름과 한국의 겨울에 태어났으니 각각 '여름', '겨울'. 남극과 세종 사이에 태어난 여름이와 겨울이! 마음에 든다.

알이 부화하고 있다.
깨진 껍데기 틈으로 새끼의 부리 끝 난치가 보인다.
알 표면은 흙과 분변이 묻어 지저분해져 있다.

떠남

12월 18일
최저 영하 2도, 최고 영상 1도
구름 많음, 북동풍 풍속 7~11 m/s

이른 아침, 남극체험단이 일주일간의 짧은 일정을 마치고 한국으로 떠났다. 출발 전, 지난번 함께 노래를 불렀던 소영 씨는 직접 그린 젠투펭귄이 담긴 엽서 하나를 건네왔다. 노을빛 바다에 서서 멀리 하늘을 바라보고 있는 젠투펭귄의 모습이었다. (소영 씨는 나를 '펭귄 박사'라고 불렀는데, 그림 속 펭귄은 박사모를 쓰고 있다.) 기발한 그림이 마음에 들었다. 나는 답례로 이틀 전 그렸던 턱끈펭귄 스케치를 건넸다.

체험단 사람들과 인사하고 난 뒤 다시 펭귄 번식지로 향했다. 젠투펭귄은 부화한 새끼를 키우느라 바쁘다. 펭귄이 번식지에서 바다로 나가고 들어오는 길목은 마치 인간의 항구도시처럼 분주하다. 펭귄 부모가 바빠진 만큼 나도 바빠졌다.

나는 매년 펭귄들이 어디로 가서 먹이를 찾는지 조사 중이다. 쉬운 연구 같지만 방법은 그리 간단하지 않다. 펭귄은 육지에서 둥지를 만들고 새끼를 키우긴 하지만 바다에서 먹이를 구하기 때문에 사람이 일일이 쫓아다니며 관찰하는 것이 불가능하다. 인간의 눈을 대신할 수 있는 기계가 필요하다.

그 기계가 바로 위치기록계다. 이 장치를 이용하면 펭귄이 바다에 나갔을 때의 위치를 알 수 있다. 1초에 한 번씩 수신된 위성 신호가 차곡차곡 저장되어 쌓인 기기를 바다에 나갔다 온 펭귄에게서 회수한 뒤 컴퓨터에 연결하면 위치 정보를 한눈에 알 수 있다. 연구자들은 펭귄 몸무게의 1퍼센트 정도밖에 되지 않는 30~40그램의 아주 작은 기기를 사용한다. 방수테이프를 이용해 펭귄의 등 깃털에 밀착시켜 붙여주면 일주일 정도는 잘 붙어 있다. 펭귄이 물속에 들어가서 빠른 속도로 헤엄을 쳐도 거의 떨어지지 않는다. 몇 달 동안 계속 붙여놓는다면 접착력이 떨어질 수 있겠지만, 번식기의 펭귄이 한 번 바다에 나갔다가 돌아오는 데 걸리는 시간은 평균 10~12시간 정도이기 때문에 하루 정도만 잘 붙어 있으면 충분하다.

나를 포함한 펭귄 연구자들이 이제껏 관찰한 바에 따르면, 이 장치는 펭귄이 헤엄치는 데 그다지 영향을 미치지 않는 것으로 나타났다. 기기를 부착한 펭귄들과 그러지 않은 펭귄들을 비교했을 때 잠수 깊이나 이동 거리에서 큰 차이를 발견하지 못했다. 그래도 인간이 자기 몸에 달아놓은 이물질이 달가울 리 없으니 '미안하지만 조금만 참아줘'라고 부탁하는 마음으로 붙였다가 하루 혹은 늦어도 이틀 안에는 떼어준다. 그렇게 수거한 기기에는 펭귄이 이동한 위치에 대한 소중한 정보가 기록되어 있다.

오늘은 새로운 종류의 위치기록계를 테스트했다. 30초 간격으로 설정했을 때 약 48시간 정도의 데이터 기록이 가능한 장비라 젠투펭귄과 턱끈펭귄의 행동반경을 확인하기에 알맞다. 길이 7센티미터, 너비 2센티미터가량인 직육면체 모양인데, 한쪽은 매끈하게 곡면으로 처리되어 끝이 뾰족하다. 작은 안테나가 3센티미터가량 나와 있는데 이 부분이 위성 신호를 수신하는 부분이다. 기존에 사용하던 위치기록계는 원통형으로 되어 있어 펭귄의 등 깃털에 고정하기가 쉬웠는데 이번에 사용하는 장비는 조금 다른 모양이라 잘 붙어 있을지 모르겠다.

젠투펭귄 1마리에게 새로운 위치기록계를 달아주었다. 다행히도 크게 불편해 보이진 않는다. 장치를 부착한 펭귄은 15분쯤 지나 바다로 떠났다. 내일쯤 펭귄이 돌아오면 위치기록계가 제대로 붙어서 위성 신호를 잘 기록했는지 알 수 있을 것이다.

턱끈펭귄 가족.

공존

12월 19일
최저 영하 2도, 최고 영상 1도
맑음, 서풍 풍속 6~10 m/s

지난밤엔 잠이 오지 않아 계속 깨어 있었다. 창문 밖으로 바다를 보며 책을 읽었다. 오후 11시가 되어서야 어둑해진 하늘은 오전 3시경에 다시 밝아졌다. 엄밀히 말하면 이 시간을 밤이라고 부를 수 있지만, 이때에도 해가 여전히 지면 부근에 있어서 옅은 빛이 전해진다. (이렇게 일몰 후 빛이 남아 있는 상태를 '박명薄明, Civil Twilight'이라고 부른다.) 하루 종일 해가 지지 않는 백야는 아니지만, 24시간 중 20시간 이상 낮이 지속되고 있다. 4시간여의 밤이 오기 전, 해가 바삐 뜨고 지는 찰나에도 핑크빛 노을이 진다. 하늘에 일렁이는 빛의 움직임이 오로라를 닮았다. 자연이 만들어내는 색은 순간적으로 나타나고 이내 사라지지만 마음에는 오랫동안 남는다.

젠투펭귄과 함께 번식 중인 턱끈펭귄도 부화를 시작했다. 회색빛 솜털에 까만 눈을 가진 새끼의 모습이 여기저기서 눈에 띈다. 젠투펭귄과 턱끈펭귄의 번식 시기는 조금 차이가 있다. 젠투펭귄은 10월쯤 이곳에 도착해서 11월 초에 알을 낳고, 한 달쯤 뒤인 12월 초부터 부화한다. 턱끈펭귄은 그보다 열흘에서 보름 정도 늦는 편이다. 아마도 먹이를 둘러싼 경쟁을 피하기 위해 자연스레 시차가 생긴 게 아닐까 싶다.

사는 공간도 조금 다르다. 턱끈펭귄은 바다에서 가까운 경사진 곳에 주로 모여 있는 데 반해, 젠투펭귄은 언덕 너머 평평한 곳에 둥지를 튼다. 아마도 종마다 둥지 자리로 선호하는 위치에 차이가 있는 것으로 보인다.

경사면이 끝나고 평지가 시작되는 지점엔 젠투펭귄과 턱끈펭귄의 둥지가 맞닿아 있는 곳도 있다. 불과 70센티미터 남짓한 거리에서 서로를 마주 보고 있지만 크게 신경 쓰는 것 같진 않다. '저 둘은 어떻게 싸우지도 않고 잘 지낼까?' 하는 궁금증이 생겼지만, 이내 '다른 종이라고 꼭 싸울 필요는 없잖아' 하는 생각이 들었다. 1년에 한 달 정도, 새끼를 키울 때만 잠시 가까이에서 지내는 거라면 굳이 나와 다른 종이 옆에 있다고 해서 적대적으로 대할 이유는 없을 것이다. 어차피 먹이는 바다에서 가져오기 때문에 새끼를 키울 때 둥지 위치가 그리 중요한 것도 아니다. 도둑갈매기와 같은 포식자에 대응하려면 혼자 있는 것보다 주위에 다른 펭귄이 있는 편이 더 나을 수도 있다.

*

테스트로 붙였던 위치기록계를 달고 있는 펭귄이 나타났다. 어제는 모습을 보이지 않아 걱정했는데 다행스럽게도 건강한 모습으로 새끼를 품고 있었다. 장치는 등에 잘 붙어 있었고, 떼어내려고 부리로 긁은 흔적도 보이지 않았다. 안심하고 장치를 수거했다. 테스트를 마쳤으니 다른 펭귄들에게도 달아줄 수 있다. 펭귄들의 주요 취식지를 알아내려면 적어도 10마리는 넘게 추적해야 의미 있는 데이터를 얻을 수 있다.

세종이와 남극이 부부가 여름이와 겨울이를 잘 키우고 있는지 보기 위해 둥지 근처로 가보았다. 아빠 세종이가 둥지에서 2마리의 자식들을 품고 있다. 엄마 남극이는 지금쯤 바다 한가운데서 먹이를 잡고 있겠지. 새끼들은 이제 부화 후 8일 차에 접어들었다. 제법 날개가 단단해졌다. 나란히 몸을 밀착하고 엎드려 있는 새끼들의 부리 끝엔 여전히 하얀 난치의 흔적이 남아 있다. 몸집에 비해 발이 꽤 커 보인다. 머리 크기만큼 크다. 발가락엔 날카로워 보이는 3개의 검은색 발톱이 돋았다. 여름이는 발을 웅크려 발톱으로 둥지에 있는 돌을 움켜쥐고 있다.

이틀 전 여름이와 겨울이의 몸무게를 재느라 둥지에 갔던 영향 때문인지 세종이는 내가 있는 쪽을 곁눈질하며 쳐다본다. '저 인간 또 왔군!' 하는 표정이다. 날개의 미세한 떨림도 보인다. 한번 괴롭힘을 당한 펭귄들은 인간의 접근에 예민하게 반응한다. 그사이 겨울이의 몸집이 여름이보다 좀더 큰 것 같아서 무게를 재어볼까 생각했지만, 이내 포기했다. 이미 많은 스트레스를 준 것 같다. 오늘은 괴롭히지 말아야지.

젠투펭귄과 턱끈펭귄 둥지의 공존.
가까운 거리에 마주 보고 있지만 서로 크게 신경 쓰는 것 같지 않다.

쿠이먼

12월 20일
최저 영하 2도, 최고 영상 1도
흐리고 비 또는 눈, 남서풍 풍속 8~14 m/s

동물의 몸에 위치기록계를 부착했다가 다시 회수하는 작업은 꽤 어려운 일이다. 인간에게 한번 붙잡히고 몸에 이상한 장치까지 달고 난 야생동물은 경계심이 극도로 증가한다. 원격으로 데이터를 받을 수 없고 장치를 수거해야만 그 안에 담긴 정보를 얻을 수 있는 연구자 입장에선 사람의 접근에 둔감한 동물이 좋다.

남극의 물속엔 표범물범Leopard Seal과 같은 포식자가 있지만 땅 위엔 펭귄을 공격할 만한 동물이 없다. 따라서 펭귄은 번식기에 알과 새끼를 공격하는 도둑갈매기나 남방큰풀마갈매기Southern Giant Petrel 같은 큰 새들만 조심하면 되니 사람의 접근에 민감하지 않다. 이런 측면에서 본다면 남극에 사는 펭귄은 이상적인 연구 동물이다.

펭귄의 등에 처음으로 위치기록계를 달았던 사람은 미국의 생리학자 제럴드 쿠이먼Gerald Kooyman 박사다. 1934년생인 그는 여전히 연구에 몸담고 있다. 지난해 학회에서 만난 쿠이먼 박사는 말이 적고 잘 웃는 사람이었다. 함께 새를 관찰하러 야외에 나갔다가 남극에서 연구를 시작했을 때에 대해 묻자 잠시 회상에 잠기더니 수줍은 표정으로 이야기를 들려주었다.

그가 처음 남극기지에 간 것은 1963년, 대학원생 시절이었다. 처음엔 웨델물범을 연구했다. 당시 그가 준비해 간 기기는 시계 수리공의 도움을 받아서 만든 수심기록계였다. 부엌에서 쓰는 타이머가 결합되어 일정한 시간마다 작은 유리판에 수압이 기록되도록 만든 것이었다.

웨델물범은 덩치가 크기 때문에 장치를 달기가 쉬웠고, 숨을 쉬기 위해 물 밖으로 나오기 때문에 인공적으로 얼음에 구멍을 만들면 장치를 수거하기도 수월했다. 결과는 대

성공이었다. 수백 번의 잠수 기록을 분석한 결과, 웨델물범은 주로 수심 300~400미터 부근에서 잠수하며 때로 최대 600미터가 넘는 깊은 곳까지 들어가기도 한다는 사실을 알아냈다. 1967년엔 비슷한 방법으로 황제펭귄에게 수심 기록계를 달아 황제펭귄이 200미터가 넘는 깊이까지 잠수한다는 사실을 처음으로 밝혀냈다.

벌써 50번 넘게 남극에 다녀온 연구자의 말을 듣는 내내 감탄할 수밖에 없었다. 그의 업적은 유명 저널에 나온 논문과 책 들을 통해 이미 익숙했지만, 당사자에게 직접 이야기를 들으니 더 대단하게 느껴졌다. 그가 개발한 수심기록계는 해양동물의 생리와 생태를 연구하는 데 커다란 공헌을 했으며 지금도 나를 포함한 많은 펭귄 연구자들이 사용하고 있다.

남극 이야기를 마친 쿠이먼 박사는 내게 한국의 부동산 가격과 병역 의무에 대해 질문했다. 내가 서울에 있는 100제곱미터 넓이의 아파트 가격을 알려주자 그는 무척 놀라워했다. 그러고는 샌디에이고에 있는 그의 자택 가격이 얼마나 올랐는지를 얘기하며 젊은 세대의 주거 문제를 걱정했다.

대화를 하다 보니 우리 둘 다 군악병으로 근무하며 트럼펫을 연주했다는 사실도 알게 되었다. 그는 "이런 우연이 있나" 하고 웃었다. 펭귄을 연구하는 것 외에 공통점이 하나 더 있다는 생각에 왠지 기분이 좋아져 나도 따라 웃었다.

표범물범의 공격을 받은 턱끈펭귄.

블리자드

12월 21일

최저 영하 2도, 최고 영상 1도

구름 조금, 남풍 풍속 18~25 m/s

어제부터 강한 눈보라가 불고 있다. 초속 15미터 이상의 강한 눈보라가 3시간 넘게 지속되면 이를 일컬어 '블리자드 Blizzard'라고 부른다. 오늘 기상 기록에 따르면 최대 순간 풍속은 초속 27미터였다.

눈발이 오른쪽에서 왼쪽으로, 횡으로 날린다. 송이보다는 알갱이에 가까운 눈이 창문과 건물 외벽에 부딪히면서 툭, 툭 하는 작은 소리를 만들었다. 가끔 건물 전체가 흔들리는 진동도 느껴진다. 이런 날은 펭귄들도 바다로 나가지 않고 둥지에 앉아서 바람이 멈추기를 기다린다. 부모는 가슴 안쪽으로 새끼들을 보듬고 날개로 바람을 막으며 몸을 거의 움직이지 않는다.

블리자드가 부는 날은 사람도 쉬는 날이다. 나는 아침 식사를 마치고 휴게실 옆에 있는 도서관으로 갔다. 방 한 칸 크기의 작은 도서관에는 책이 많지 않고 대부분 오래된 것들이다. 그래도 열심히 찾다 보면 읽을 만한 책들이 보인다. 30분가량 책장을 살핀 끝에 두 권을 골랐다. 대여 방법은 도서관 한편에 마련된 작은 파일에 도서명과 이름을 기입하면 된다. 그렇게 대여한 책은 가와바타 야스나리의《설국》과 올리버 색스의《아내를 모자로 착각한 남자》였다. 예전에 읽었던 책들이지만 잘 기억나지 않아 다시 읽어보기로 했다.

"국경의 터널을 빠져나오자, 눈의 고장이었다. 밤의 밑바닥이 하얘졌다. 신호소에 기차가 멈춰 섰다."《설국》의 유명한 첫 문장이 계속 머릿속을 맴돈다. 하얀 눈에 덮인 기차역의 이미지가 창밖 남극의 풍경과 겹친다.

고개를 돌려 바라본 창밖 세상은 온통 하얗다. 육지와 바다와 하늘의 경계가 구분되지 않은 채 흰색 풍경으로 이어져 있다. 오늘 내가 보고 있는 바람이 이제껏 본 것 가운데 가장 무섭고도 아름답다는 생각이 들었다.

바닥에 배를 깔고 엎드려 자는 젠투펭귄. 발을 배 안쪽 깃털에 넣고 있다.
거센 바람에도 눈을 감은 채 몸을 웅크리고 거의 움직이지 않는다.

추적

12월 22일
최저 영하 2도, 최고 영상 1도
맑음, 서풍 풍속 6~10 m/s

언제 그런 눈보라가 있었냐는 듯 날이 맑아졌다. 조사하기 딱 좋은 날씨다. 세종이와 남극이 부부가 있는 둥지를 다시 찾았다. 세종이는 새끼들을 품고 있고, 남극이는 막 바다에서 돌아왔는지 물에 젖은 채 세종이 옆에 있었다. 거센 블리자드를 다들 잘 견뎌주었다.

부부는 마치 사람이 인사하는 것처럼 고개를 숙이며 캭하고 작은 소리를 냈다. 짝이 서로를 확인하는 의식이다. 이미 짝을 지었지만 수시로 사랑을 확인하며 마음을 나눈다. 10분 뒤에 부부는 자리를 바꿨다. 남극이가 새끼를 품고 세종이가 둥지 밖으로 나왔다. 남극이가 입안을 꿀떡거리더니 이내 크릴을 뱉어 여름이와 겨울이에게 차례로 먹였다. 세종이는 곧 바다로 나갈 예정이다. 교대 과정을 모두 지켜본 뒤 세종이에게 위치기록계를 부착하기로 했다. 이제 곧 바다로 나갈 테니 지금 달면 바다에 나갔다가 둥지로 돌아올 때까지의 과정을 추적할 수 있다.

나는 몸을 낮춰 천천히 다가갔다. 눈은 다른 곳을 쳐다보며 '너한테 관심 없어'라는 듯 안심시켜야 한다. 세종이는 불안해했지만 여전히 둥지 옆에 밀착해서 새끼들을 지키고 서 있다. 손을 뻗어서 닿을 수 있는 약 1미터 이내의 거리까지 다가갔을 때 오른손으로 잽싸게 세종이의 한쪽 다리를 붙잡았다. 그대로 거꾸로 들어 올려서 한쪽 손으로 몸통을 잡아 팔 안쪽으로 껴안았다. 붙잡는 순간부터 계속 날개를 퍼덕거리며 몸부림치는 세종이를 미리 준비해 간 천으로 눈과 몸을 감싸 고정시켰다.

어느 정도 진정되고 나서 함께 있던 동료 연구자가 세종이의 다리를 붙잡았다. 그동안 나는 호주머니에서 위치기록계, 핀셋, 방수테이프를 꺼냈다. 펭귄의 깃털은 빳빳한 풀잎이 누워 있는 모습과 비슷하다. 나는 핀셋으로 등 깃털을 한 움큼 집어 올리고 그 밑으로 집게손가락 길이만큼 자른 방수 테이프를 눕혀 넣었다. 그리고 다시 그 아랫부분 깃털을 집어 올리고 테이프를 넣는 과정을 총 5번 정도 반복했다. 이렇게 하면 펭귄 깃털 위에 새끼손가락이 들어갈 만큼의 공간이 생기고 그곳에 위치기록계를 올린 뒤 깃털에 붙어 있던 방수테이프로 감싼다. 이때 테이프가 서로 엇갈리게 붙여야 접착력이 증가한다. 방수테이프 위에는 순간접착제를 조금 도포해 잘 펴 바른 뒤 입으로 호호 불었다. '잘 붙어서 떨어지지 말거라' 하고 속으로 말도 건넸다. 접착제가 마르고 나면 부착은 마무리된다. 마지막으로 부착한 위치기록계를 잡고 살짝 움직여보며 단단히 붙어서 꼼짝도 하지 않는지 확인한다. 작업시간은 모두 합쳐 5분이 채 걸리지 않는다.

세종이를 놓아주기 전에 간단히 신체 치수와 체중을 쟀다. 세종이의 몸무게는 6.2킬로그램이다. 이 정도면 꽤 몸집이 큰 편에 속한다. 건강한 상태인 것 같다. 여름이와 겨울이의 무게도 체크했다. 여름이가 360그램, 겨울이가 370그램이다.

나는 다시 세종이의 다리를 잡고 팔로 감싸 안았다. 그리고 둥지에서 5미터쯤 떨어진 곳에 가서 남극이와 새끼들을 향해 앉았다. 세종이의 눈과 몸통을 감쌌던 천을 들어 올리고 발을 놓아주자, 녀석은 정신없이 둥지를 향해 뛰어간다. 부부는 교대할 때와 마찬가지로 고개를 숙이며 소리를 나눴다. 등에 붙은 위치기록계를 크게 신경 쓰는 것 같진 않다. 순조롭게 잘 끝났다. 나는 멀찌감치 떨어져서 세종이가 바다로 나가는 모습을 확인하기로 했다.

세종이는 남극이와 새끼들 곁에서 부리로 깃털을 다듬기도 하고, 근처에서 작은 돌을 물어다가 둥지에 넣어주기도 한다. 그리고 약 20분 뒤, 이제 때가 됐다는 듯 돌아서서 걷기 시작했다. 곧장 바닷가로 걸어가서는 이내 다른 젠투펭귄 몇 마리와 함께 헤엄을 치기 시작한다.

이제 세종이의 움직임이 기록될 것이다. 다시 장치를 회수하면 저장된 정보를 통해 세종이가 어디까지 헤엄쳐 갔는지, 얼마나 깊이 잠수했는지 알 수 있을 것이다.

다치지 말고, 먹이 많이 잡아 오렴. 내일 다시 만나자!

12일 차 젠투펭귄 둥지.
새끼들이 제법 커서 부모 품에 들어가기 벅차 보인다.
부모 펭귄을 포획해 등에 위치기록계를 달아주었다.

포획

12월 23일
최저 영하 2도, 최고 영상 1도
흐리고 비 또는 눈, 남서풍 풍속 6~10 m/s

세종이가 나타났다. 깃털이 말끔하게 씻겨 있고 물기가 약간 남아 있는 것으로 보아 바다에서 돌아온 지 얼마 되지 않은 것 같다. 세종이는 부지런히 돌을 물어다 둥지로 가져갔다. 밤사이 새끼를 품느라 둥지에 있었던 남극이는 얼룩이 잔뜩 묻어 있다. 옆 둥지에 있는 펭귄들이 배출한 것으로 보이는 분변이 등과 얼굴에 하얗게 달라붙었다. 남극이뿐만 아니라 근처에 있는 펭귄들의 몸에도 군데군데 이물질이 묻어 있다. 둥지와 둥지 사이의 거리는 1미터가 채 되지 않기 때문에 서로를 더럽힐 수밖에 없다.

이제 장치를 수거할 차례다. 조심스레 접근했지만 어제의 기억 때문인지 세종이는 쉽사리 거리를 좁히도록 허용하지 않는다. 내가 한 걸음 다가가면 녀석은 한 걸음 물러선다. 날개를 벌린 채 몸을 미세하게 떨고 있다. 이러다 자칫하면 겁을 먹고 다시 바다로 돌아갈지도 모른다. 아무래도 오늘은 맨손으로 잡긴 힘들어 보여 준비해 간 그물을 꺼냈다.

그물은 커다란 잠자리채같이 생겼는데, 봉이 길고 끈이 질겨서 큰 동물을 포획하기에 좋다. 나는 한 손에 그물을 들고 자세를 낮춘 채 아주 천천히 걸었다. 약 3미터 거리까지 접근했을 때 재빨리 그물을 내밀어 덮쳤다. 날갯짓을 하며 버둥거리는 녀석의 발을 한 손으로 잡아 들어 올리고, 다른 한 손으로는 부리를 잡아 입을 벌리지 못하게 막으면서 동시에 눈을 가렸다. 그러는 사이 동료 연구자는 미리 준비해 온 가방을 꺼낸다. 가방은 펭귄의 몸에 맞는 크기에 두꺼운 면 재질로 되어 있다. 길이가 70센티미터에 위쪽 폭 50센티미터, 아래쪽 폭 10센티미터로, 아래로 갈수록 점점 폭이 좁아지는 원통형이다. 폭이 좁은 바닥이 뚫려 있어 펭귄을 거꾸로 넣었을 때 부리 부분만 밖으로 나오고 몸통과 날개는 가방 안에서 고정된다.

세종이 등에 붙여주었던 위치기록계는 잘 고정되어 있었다. 물기를 머금은 테이프를 떼어내고 장치는 가방에 넣었다. 녀석을 놓아주기 전, 세종이를 감싼 가방을 저울에 매달았다. 어제보다 1킬로그램가량 늘었다. 많이도 먹었군! 녀석의 위장엔 늘어난 무게만큼의 먹이가 담겨 있을 것이다.

그다음으로 세종이의 부리와 가운뎃발가락 길이를 재는데, 이 수치를 이용하면 펭귄의 성별을 알 수 있다. 사실 젠투펭귄은 겉모습만으로 성별을 구분하기가 매우 힘들다. 부리와 발가락의 길이를 측정해야 제대로 구분할 수 있다. 개체마다 차이가 있긴 하지만 대체로 수컷이 암컷보다 부리와 발가락이 조금 더 길다. 세종이의 부리 길이는 5센티미터를 조금 넘고, 가운뎃발가락은 10센티미터가량 되었다. 성별을 알고 있는 다른 펭귄들의 측정치와 비교해보면 세종이는 수컷이 거의 확실해 보인다. 처음 세종이와 남극이를 봤을 때부터 부리를 유심히 관찰해왔다. 세종이의 부리가 조금 더 길어 보여서 수컷이 아닐까 생각하고 있었는데, 역시 내 생각이 맞았다. 어디 자랑할 수는 없었지만 흐뭇했다.

만 하루도 채 지나지 않았지만 여름이와 겨울이도 꽤 자란 듯 보였다. 세종이를 놓아주면서 새끼들의 무게를 측정했더니 여름이가 420그램, 겨울이가 440그램이다. 어제보다 각각 70그램, 60그램이 늘었다. 하루 만에 몸무게가 20퍼센트 가까이 증가한 셈이다. 잘 크고 있구나. 다른 둥지에 있는 새끼들보다 크기가 작아 보여 걱정했었는데 이제 한결 마음이 놓인다.

작업을 마치고 나니 옷에 펭귄 분변이 가득하다. 붉은 작업복이 거의 흰색에 가까워졌고 손에는 분변이 딱딱하게 말라붙었다. 몸에서 조류 특유의 분변 냄새가 진동한다. 이런 날은 동료들도 날 피한다. 괴롭지만 펭귄을 포획하다 보면 어쩔 수 없는 일이다. 인간의 손에 잡힌 펭귄은 긴장해서 상당한 양의 분변을 내보낸다. 가끔 얼굴에 맞는 일도 있는데 오늘은 운이 좋게도 얼굴은 피한 것 같다.

기지로 돌아와 재빨리 샤워를 마치고 수거한 장비를 물에 씻었다. 위치기록계를 말린 뒤 컴퓨터에 연결하고 그 안에 담긴 위치 정보를 확인한다. 두 손가락 정도 크기의 작은 장치를 통해 세종이의 하루가 드러나는 순간이다.

세종이는 23일 새벽 4시경에 바다를 헤엄치기 시작해 남동쪽으로 약 10킬로미터 떨어진 지점까지 나갔다. 그리고 그 부근에서 약 3시간을 머물면서 먹이 활동을 한 것으로 보였다. 다시 번식지로 돌아온 것은 7시간이 지난 오전 11시였다. 바다에 나갈 때와 돌아올 때의 경로는 거의 일치했다. 30초마다 저장된 위성 신호의 점들을 이어보니 일자형 직선처럼 보인다. 녀석은 길을 훤히 꿰뚫고 있다는 듯 자유롭게 남극 바다를 누비고 있었다.

저 녀석, 또 왔군!
이원영을 경계하는 젠투펭귄.
한번 잡히고 나면 경계심이 크게 증가한다.

크리스마스이브

12월 24일

최저 영하 2도, 최고 영상 1도

흐리고 비, 서풍 풍속 7~13 m/s

식당 입구에 크리스마스트리가 생겼다. 비록 한국에서 준비해 온 플라스틱 모형이지만, 초록빛 나뭇잎과 갈색 가지가 정교하게 꾸며져서 제법 구상나무 느낌이 났다. 나무 꼭대기엔 은색으로 된 별이 달려 있고, 그 아래로 빨간색 양말과 선물 바구니 모형, 눈처럼 생긴 솜이 여기저기 붙어 있다. 트리 맞은편 벽에 걸린 세종대왕의 초상에도 누군가 빨간 모자와 흰 수염을 종이로 만들어 붙여놓았다. 식당 안에 붙어 있는 커다란 사진 속 펭귄 얼굴에는 루돌프의 기다란 뿔과 빨간 코가 생겼다. 기지 건물 곳곳에서 크리스마스 분위기가 물씬 풍긴다.

그러나 정작 사람들의 얼굴엔 근심이 가득하다. 식자재와 연구 장비를 실은 배가 늦어지고 있기 때문이다. 칠레에서 물건을 선적하는 과정에 문제가 생긴 모양이었다. 애초 계획대로라면 12월 3일엔 도착했어야 하지만 배는 크리스마스를 하루 앞둔 오늘까지도 오지 않았다. 조리를 맡고 있는 대원의 표정이 가장 심각했다.

"이대로 계속 가다간 정말 쌀이 바닥날지도 몰라요. 이제 김치도 얼마 남지 않았는데 걱정이네요."

조리대원은 일주일 전부터 식자재가 모자랄까 봐 걱정했고, 연구원들도 실험 재료가 부족해 전전긍긍이었다. 나도 펭귄을 조사할 때 입을 작업복과 장갑을 기다리고 있다. 작년에 쓰다 남은 것들을 꺼내어 아껴 쓰고 있었지만 그것도 이제 거의 바닥났다.

상황이 이렇다 보니 식사 때마다 다들 언제쯤 배가 도착하는지에 대해 이야길 나눴다. 기지에 있는 사람들끼리 머리를 맞대고 고민한다고 해서 해결될 문제는 아니지만, 서로 농담이라도 건네며 걱정스런 마음을 달래는 것이었다.

"정말 쌀이 떨어지는 상황이 오면 우선 펭귄을 잡아 와야 할까요?"

"문헌을 보면 펭귄은 맛이 없대요. 차라리 바다에서 낚시로 남극 대구를 잡는 게 낫겠죠. 잠수 장비가 있으니 해삼이나 성게를 가져올 수도 있잖아요. 그런데 설마 그러기야 하겠어요?"

물론 그런 극단적인 상황이 생기면 안 되겠지만, 100여 년 전 남극을 탐험했던 사람들은 실제로 펭귄과 물범을 사냥하며 배를 채웠다는 기록이 남아 있다.

휴지 같은 생필품이 떨어진 것도 먹을거리만큼이나 문제였다. 근래 며칠 동안은 화장실에 두루마리 휴지 대신 키친타월이 비치됐다. 두꺼운 키친타월은 꽤 불편했지만 매일 100여 명의 인원이 볼일을 해결하다 보니 그마저도 빠르게 소진되고 있었다. 키친타월마저 다 쓰면 어떻게 될까? 머릿속으로 잠시 상황을 그려보다가 이내 지웠다.

*

저녁 식사를 마치고 기지 근처의 바닷가를 걸었다. 바람이 거의 불지 않아 바다는 호수처럼 잔잔했다. 가끔 찰랑찰랑 파도 소리와 갈매기 울음소리만 들릴 뿐이었다. 눈을 감으니 마치 한국의 바닷가에 있는 듯한 기분이 들었다. 해안선을 따라 걷다가 다큐멘터리 촬영을 위해 남극에 온 오현태 카메라 감독을 만났다. 그는 카메라 없이 가만히 앉아서 펭귄이 수영하는 모습을 보고 있었다.

"감독님, 촬영 안 하세요?"

"그냥 펭귄을 좀 보고 싶어서요. 이렇게 보고 있으니까 너무 좋네요."

그는 계속 바다를 응시한 채로 대답했다. 잠시 그 옆에 앉아서 펭귄이 겨울에 어디로 이동하는지, 어떻게 서로 의사소통을 하는지, 얼마나 똑똑한지에 대해 이야기를 나눴다. 그는 남극에서 촬영하는 동안 펭귄의 매력에 푹 빠졌다며 나중에 기회가 된다면 펭귄을 연구해보고 싶다고 고백했다.

그때 갑자기 수면 위로 혹등고래의 꼬리가 나타났다.

"고래다! 혹등고래다!"

내가 소리쳤다. 혹등고래는 불과 100미터쯤 떨어진 곳에서 물을 내뿜었다. 그렇게 가까이서 고래를 만나기는 나도 처음이었다.

"헤엄치는 모습이 웅장하네요. 저 장면을 카메라에 담았어
야 하는데!"

고래가 헤엄치는 모습을 지척에 두고 눈으로 바라볼 수밖
에 없었던 오현태 감독은 무척이나 아쉬워했다. 고래가 지나
간 뒤 이번에는 젠투펭귄 무리가 해안가에 나타났다.

"카메라를 가져와야지 아무래도 안 되겠어요."

그가 숙소를 향해 뛰어갔다. 나는 남아서 계속 펭귄을 바
라봤다.

*

다시 기지로 돌아왔을 때, 칠레에서 배가 오고 있다는 소
식을 들었다. 내일 밤에는 기지에 도착할 예정이라고 한다.

"보급선이 오고 있대!"

다들 행복하게 웃으며 반가운 소식을 전했다. 칠레에서 산
타클로스가 루돌프를 끌고 오는 기분이다. 정말 모두가 기다
리던 크리스마스 선물이 될 것 같다.

일렬로 눈 위를 걸어 바다로 향하는 젠투펭귄들.

선물

12월 25일
최저 영하 2도, 최고 영상 1도
구름 많고 비 또는 눈. 서풍 풍속 3~8 m/s

눈이 하얗게 내린 크리스마스 아침, 마침내 기다리던 보급선이 도착했다.

"지금부터 배에서 짐을 옮기는 작업을 할 예정입니다. 기지에 있는 대원들은 건물 앞으로 모여주세요."

보급선에는 남극 기지에서 쓸 1년 치 생활용품, 식자재, 연구자재가 한꺼번에 실려 오기 때문에 그 양이 어마어마하다. 각종 중장비가 동원되어 주황색과 붉은색으로 알록달록한 컨테이너를 연달아 옮기고, 컨테이너가 열리면 사람이 들어가 박스를 들고 날랐다.

월동대원이 가장 신경 쓰는 물품은 다름 아닌 기름이다. 기름은 앞으로 1년간 기지 생활에 필요한 전기를 생산하고 보일러를 가동할 필수품이다. 배에 연결된 긴 호스를 통해 기지 내 유류 탱크 3개를 가득 채웠다.

나는 냉동 창고에 들어가서 식자재부터 날랐다. 손에는 목장갑을 두 겹으로 끼고 얼굴은 방한용 마스크로 감쌌는데도 기분 탓인지 남극의 냉동 창고는 더 춥게 느껴졌다. 오래 보관할 수 있는 고기, 만두, 생선 등은 안쪽에 있는 냉동고에 넣고 우유, 계란, 양배추, 오렌지 같은 신선한 식품들은 바깥쪽 냉장고에 채웠다. 창고 안의 냉기 때문에 귀와 볼이 빨개졌지만 계속 몸을 움직여서인지 연신 땀이 흘렀다. 고된 일에 허기가 졌지만, 가득 쌓여가는 식재료들을 보고 있노라니 절로 포만감이 느껴졌다.

보급선의 도착 시기가 평소보다 늦어졌음에도 다들 일사불란하게 움직인 덕분인지 하역 작업은 예상보다 순조로웠다. 오전 9시부터 시작된 작업은 오후 4시가 되어 끝났다. 세종기지에 있는 100여 명의 사람들이 모두 짐을 옮긴 덕에 컨테이너 5대 정도에 들어 있던 식자재와 생활용품 정리가 끝났다. 아직 10대가량의 컨테이너가 남아 있었지만 그것들은 앞으로 시간을 두고 천천히 작업할 예정이다.

일이 끝나고 의자에 걸터앉아 가만히 땀을 식히는데 누군가 "아이스크림 먹고 싶다!"라고 소리쳤다. 다들 동의하는 듯 고개를 끄덕이며 식자재 관리를 담당하는 월동대원을 쳐다봤다. 그가 벌떡 일어나 말했다.

"그래요, 우리 하나씩 먹읍시다."

그는 냉동 창고로 가더니 아이스크림 한 박스를 꺼내왔다. 고깔 모양으로 생긴 월드콘이었다. 크게 한입 어금니로 베어 물려고 했는데 돌멩이처럼 딱딱했다. 고양이를 안듯이 아이스크림을 품에 안았다. 잠시 후 꺼내 다시 베어 물자 적당히 녹은 아이스크림의 달콤한 맛이 입안에 퍼졌다. 남극에서 흘린 땀을 식혀준 차가운 아이스크림이 어느새 배 속에서 따뜻하게 녹아 배고픔을 달래주었다.

8일 차 젠투펭귄 새끼 2마리.
날개가 부모처럼 단단해지기 시작했다. 검은색 발톱 역시 날카로워졌다.

기다림

12월 26일
최저 영하 2도, 최고 영상 1도
구름 많음, 남서풍 풍속 5~9 m/s

날씨가 심상치 않다. 남동쪽에서 불어오는 바람이 차고 강하다. 아침 식사를 마치고 9시에 펭귄 번식지로 걸어갔다. 오늘의 숙제는 2마리의 펭귄을 찾는 것이다. 1마리는 엊그제 달아준 위치기록계를 수거할 생각이고, 다른 1마리는 포획해서 새로운 수심기록계를 달아줄 목적이다.

"이런!"

나도 모르게 한숨이 나왔다. 번식지에 도착하고 보니 오늘 찾으려던 펭귄 2마리가 모두 없었다. 아마 남극 바다 어디쯤에서 벌써 헤엄을 치고 있겠지. 바람이 강해 밖에서 기다리기는 힘들었다. 아직 점심시간까지는 3시간이나 남아 있었다.

"아아앙, 아아앙" 여기저기서 젠투펭귄이 짝을 부르는 소리만 들린다. 바다에 나간 짝이 돌아오지 않으면 둥지에 있는 녀석들은 큰 소리로 운다. 프랑스 연구자들의 보고에 따르면, 젠투펭귄의 울음소리를 1미터 앞에서 측정했을 때 그 크기가 평균 83데시벨이었다고 한다. 도심 집회 소음 기준인 80데시벨을 넘는 크기다. 지하철 안의 소음이나 거리 시위에서 울려 퍼지는 확성기 소리보다도 큰 소리다. 1만 마리가 넘는 펭귄이 모여 있는 번식지에서 끊임없이 울음소리를 듣고 있노라면 가끔 환청이 들리고 두통이 온다.

바람이 더 강해져서 대피소로 몸을 피했다. 대피소의 철제 벽이 간간이 흔들렸고, 작은 창문 틈으로 날카로운 바람이 들며 요란한 소리를 냈다. 간이 의자에 앉아 있는 동안 금세 땀이 말랐다. 나도 모르게 어깨가 파르르 떨렸다. 이러다간 저체온증이 올지도 몰라 의자에서 일어나 제자리걸음을 하며 몸을 녹였다.

몸을 움직이니 추위가 조금 가셨다. 혹시나 그사이 펭귄이 돌아올까 싶어 대피소 창문으로 바닷가에 있는 펭귄들을 관찰했다. 쌍안경을 들고 망부석처럼 바다 쪽을 바라보다가 문 득 2년 전 위치기록계를 잃어버렸던 기억이 떠올랐다. 장비 테스트를 위해 일본 극지연구소에서 빌려 온 기계였는데 하필 그 위치기록계를 단 펭귄이 돌아오지 않았다. 한국으로 돌아가는 마지막 날까지 기다렸지만 펭귄은 끝내 나타나지 않았다. 일본에 있는 동료에게 사과 편지를 보내고, 자기도 그런 적이 있다며 대수롭지 않게 여기는 듯한 회신도 받았지만, 나는 동료 연구자에게도 펭귄에게도 매우 미안했다.

*

정오쯤이 되어 다시 펭귄 둥지가 있는 곳으로 걸어갔다. 제발 돌아와 있길 바랐지만, 그 펭귄은 없었다. 내가 한 일이 라곤 대피소에서 제자리걸음을 한 것뿐인데도 허기가 졌다. 오전 중으로 끝날 줄 알고 도시락을 싸 오지 않은 것이 후회 스러웠다. 결국 다시 기지로 발걸음을 옮겼다.

펭귄 번식지 눈밭에서 검고 기다란 안테나가 달린 추적기 를 주웠다. 작년에 동료 연구자가 달았던 장치인 듯 보였다. 비록 내가 붙여놓은 기기는 아니지만, 수백만 원씩 하는 비싼 기계를 찾았으니 아침 조사가 아주 의미가 없는 건 아닌 셈이다. 기지에서 동료 연구자에게 추적기를 돌려줬더니 그는 건조한 표정으로 허탈해하며 웃었다.

"거기 떨어졌던 거군요. 어차피 배터리도 다 닳아서 당장 소용은 없지만, 그래도 잃어버렸다는 것은 1년 만에 확실히 알게 됐네요."

*

저녁엔 함박눈이 내렸다. 커다란 눈송이가 우아하게 흔들리며 천천히 떨어졌다. 풍경을 보고 있노라니 감탄이 나왔다. 하지만 이렇게 눈이 내리면 야외 조사가 힘들어진다. 다행히 밤 9시경 잠시 눈이 그쳤다. 나는 다시 번식지로 갔다. 펭귄 부부의 교대 시간을 고려했을 때 내가 찾는 펭귄들을 만날 수 있을 가능성이 높은 시간이었다. 바람은 여전히 강해서 파도가 거세게 쳤다. 펭귄 번식지가 있는 언덕에 오르자마자 펭귄들이 있는지부터 확인했다. 다행히 내가 찾던 녀석들이 모두 있었다.

"얘들아 고맙다!"

나도 모르게 펭귄들에게 인사를 건넸다.

"요즘 좀 이상해지신 것 같아요."

옆에 있던 동료 연구자가 말했다. 나는 못 들은 척 태연하게 펭귄을 잡고 장치를 수거했다.

기지에 돌아와 기상 예보를 확인했다. '맑음. 야외 활동하기에 적합'이라고 쓰여 있다. 내일부터 모레까지 적어도 이틀 정도는 날씨가 좋을 거라고 한다. 이번 조사 기간 동안 두 번 정도 근처 섬에서의 캠핑을 계획하고 있었는데, 내일 첫 번째 캠핑을 하는 것도 좋겠다는 생각이 든다. 기상대원을 찾아가 "내일 배를 타고 근처 섬에 가서 하루나 이틀 자고 올까 하는데, 괜찮을까요?" 하고 물으니, 그는 피식 웃으며 대답했다.

"여긴 남극입니다."

나도 따라 웃었다. 쓸데없는 질문이었다. 남극은 원래 사람이 살기에 괜찮은 곳이 아니다. 여름이라 할지라도 언제 블리자드가 불어닥칠지 모르는 혹한의 땅이다.

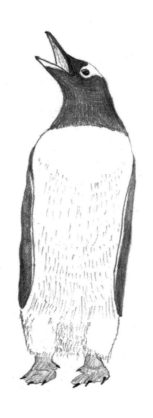

고개를 들고 큰 소리로 울며 짝을 부르는 젠투펭귄.
마치 관악기가 만들어내는 소리처럼 멀리 퍼진다.

2부

성장의
계절

아들레이 섬

12월 27일
최저 영하 2도, 최고 영상 1도
맑음, 남동풍 풍속 4~8 m/s

하늘에 구름이 보이지 않는다. 이렇게 맑은 날씨는 지난 2주 동안 처음이다. 바람도 거의 불지 않아 바다가 호수처럼 조용히 반짝였다. 조사를 하러 나가기에 딱 좋은 날씨다.

어젯밤부터 준비해온 캠핑 장비들을 챙겼다. 오늘은 아들레이 섬Ardley Island에 갈 예정이다. 아들레이 섬은 세종기지에서 서쪽으로 약 5킬로미터 정도 떨어진 작은 섬으로, 그곳에도 많은 수의 펭귄이 번식하고 있다. 이번 방문의 목적은 내가 조사하고 있는 펭귄마을에 사는 펭귄들과 아들레이 섬에 사는 펭귄들의 취식지를 비교하는 것이다. 인접한 곳에 사는 펭귄들은 같은 곳에서 사냥할 수도 있지만 서로 경쟁이 생기기 때문에 취식지가 나뉠 수도 있다. 독일의 마셀로Macello 연구팀에서 조사한 바에 따르면, 펭귄들은 같은 종 내에서도 생태학적 지위Ecological niche에 따라 취식지가 나뉜다는 결과가 있었다. 같은 종류의 먹이를 먹는 경우 경쟁이 심해지기 때문에 취식지의 분리가 일어날 가능성은 더욱 높아진다.

작년 이맘때는 아들레이 섬에 와서 젠투펭귄 3마리에게 위치기록계를 붙여주었다. 그리고 이동 경로를 확인했더니 아들레이 섬에 사는 젠투펭귄은 펭귄마을에 사는 젠투펭귄과는 달리 맥스웰 만Maxwell Bay과 마리안 소만Marian Cove에서 먹이 활동을 하는 것으로 나타났다. 펭귄마을의 젠투펭귄들이 맥스웰 만 바깥 브랜스필드 해협으로 나가서 먹이를 찾는 것과 비교하면 확연한 차이가 있었다. 나는 아들레이 섬 개체군과 펭귄마을 개체군의 경쟁에 따라 취식지가 나뉘어 있을 것이라는 생각이 들었다. 둘 다 크릴을 먹이로 하기 때문에 분명 경쟁이 발생할 여지가 있다. 하지만 고작 3마리의 데이터를 가지고 확신할 순 없는 일이다. 올해엔 적어도 20마리에게 위치기록계를 달고 추적해볼 생각이다.

이번 아들레이 섬 조사엔 인하대학교 한영덕 연구원도 함께했다. 한영덕은 조류의 깃털진드기를 연구하는 후배인데 아들레이 섬에 있는 도둑갈매기를 잡고 싶어 했다.

"펭귄 조사를 좀 도와줄 수 있니? 작업이 끝나면 도둑갈매기 포획하는 일을 도와줄게."

내가 도움을 청했고, 다행히 뜻이 맞았다.

*

고무보트에 텐트와 식량을 싣고 출발했다. 펭귄에게 달아준 위치기록계를 수거하려면 적어도 하루나 이틀을 기다려야 하기 때문에 충분한 음식과 물, 무전기와 여유분의 배터리도 챙겼다. 기지와는 앞으로 2시간 간격으로 연락을 취하기로 약속했다. 일이 잘 끝나면 섬에서 하루만 자고 다음 날 기지로 돌아갈 수 있겠지만, 만약 일이 늦어지거나 기상이 악화된다면 며칠을 더 있어야 할지 모른다.

아들레이 섬에 우리를 내려준 보트는 다시 기지로 떠났다.

"꼭 데리러 오셔야 합니다!"

농담 섞인 인사를 건네자, "살아서 봅시다!"라고 누군가 보트에서 소리쳤다.

*

섬 가운데에 있는 리파몬티 대피소에 짐을 풀었다. 이곳은 1995년, 독일 알프레트 베게너 연구소Alfred Wegener Institute, AWI 에서 펭귄 연구자들의 거처로 만든 곳이다. 세월이 흘러 색이 많이 바랬지만 나무로 된 문에는 페인트로 'Germany'라고 썼던 자국이 희미하게 남아 있다. 문을 어떻게 열어야 하나 잠시 고민했는데 가까이 다가가 살펴보니 별다른 잠금장치 없이 운동화 끈으로 만든 고리를 못에 걸어둔 게 전부였다.

건물 안은 낡은 탁자, 책상과 함께 성인 남자 2명이 누울 수 있을 만큼의 공간이 있었다. 최근엔 연구자들이 거의 사용하지 않았는지 사람의 흔적 대신 동물의 분변과 깃털이 더 많이 눈에 띄었다. 그래도 눈과 바람을 피할 수 있는 공간이 있다는 것에 감사했다.

일을 시작하기 위해 펭귄을 포획할 망과 위치기록계를 챙겼다. 리파몬티 대피소 바로 앞에 아델리펭귄과 젠투펭귄 둥지가 있었기 때문에 굳이 멀리 갈 필요가 없었다. 불과 10미터만 걸어가면 펭귄 둥지가 나타났다. 오후 3시부터 부지런히 펭귄을 포획해 장치를 부착하는 일을 반복했더니 오후 7시경엔 20마리가 되어 일이 마무리됐다. 이제 펭귄이 돌아오길 기다리는 일만 남았다. 펭귄을 붙잡는 동안 분비물이 묻어 꽤나 더러워진 손을 바닷물에 씻고 대피소로 돌아와 숨을 골랐다. 무전기를 꺼내 기지에 연락을 취했다.

"통신실, 여기는 아들레이 섬입니다. 이원영, 한영덕 현재 무사히 야외 활동 진행 중입니다."

"여기는 통신실, 확인했습니다. 2시간 뒤에 다시 연락 바랍니다."

대피소 옆엔 나무판자로 대충 지은 화장실이 있는데, 그 뒤편으로 젠투펭귄 부부가 둥지를 틀었다. 적당한 자리를 찾지 못해서 이리로 온 건지, 아니면 화장실이 바람을 가려주기 때문에 일부러 찾아온 건지 모르겠지만 이런 곳에 둥지를 틀다니 참 특이한 녀석들이다. 소변을 보러 가는데 미안한 마음에 차마 볼일을 볼 수가 없어서 바닷가 큰 바위틈을 이용했다.

저녁 식사를 위해 라면과 조리 도구를 꺼냈다. 낚시용 의자에 앉아 버너에 부탄가스를 연결하고 물을 끓였다. 대피소

안 공기가 따뜻해지면서 몸이 녹았다. 겉옷을 벗고 물티슈로 얼굴을 닦으니 까맣게 먼지가 묻어났다.

창문 밖으로 펭귄들이 걸어가는 모습을 보며 라면을 먹었다. 대피소 안에서도 펭귄 울음소리가 들렸다. 그 풍경이 어딘가 비현실적으로 느껴져 텔레비전으로 펭귄이 나오는 다큐멘터리를 보는 듯한 기분이 들었다.

식사를 마치고 잠시 쉬다가 준비해 온 매트리스와 침낭을 깔았다. 시계를 보니 9시를 조금 넘었다. 아직 잠들기엔 이른 시간이었다. 바다에서 사냥을 마치고 일찍 돌아온 펭귄들이 있을지도 모른다는 생각에 산책 삼아 둥지를 둘러봤다. 제일 처음 장치를 달아주었던 아델리펭귄 1마리와 젠투펭귄 1마리가 벌써 돌아와 있었다. 대피소로 돌아와 다시 옷을 입고 포획 도구를 챙겼다. 늦은 시간에 다시 나가려니 귀찮기도 했지만, 계획했던 대로 일이 잘 풀려나간다는 생각에 마음이 가벼웠다. 펭귄들은 별 탈 없이 바다에 잘 나갔다가 돌아온 것 같아 보였다. 바닷물에 젖은 위치기록계를 수거하고 펭귄의 깃털과 혈액을 차례로 채취했다.

자정이 다 되어서야 침낭에 들어갔다. 밤이 되자 공기가 꽤 차가워져 축축한 습기와 함께 바다에서 냉기가 올라왔다.

침낭 속 좁은 공간이 답답하게 느껴져서 엎드렸다가 옆으로 누웠다가 하면서 이리저리 자세를 바꿨다. 몸은 노곤한데 쉽게 잠이 오지 않는다. 영덕이는 피곤했는지 먼저 잠들었다. 한밤중에도 여전히 펭귄 소리가 귀에 울리고 영덕이는 코를 골기 시작했다. 쉬 잠들지 못할 것 같은 밤이다.

아들레이 섬 대피소 화장실 옆에 둥지를 튼 젠투펭귄 부부.

실종

12월 28일
최저 영하 2도, 최고 영상 1도
구름 많음, 남풍 풍속 6~10 m/s

아침 일찍 눈이 떠졌다. 찬 공기 탓인지 코끝이 시리고 얼굴이 굳었다. 침낭 밖으로 나오기까지 한참 걸렸다. 어제와 다르게 하늘에 구름이 가득하다. 금방이라도 비가 떨어질 것 같다.

오전 7시쯤 간신히 자리를 정리했다. 축축한 등산화에 발을 넣고 일어나 침낭을 접었다. 깊이 잠들지 못한 탓인지 정신이 몽롱하다. 물을 끓여 커피를 내리고 휴대전화에 담긴 음악에서 비틀스의 앨범 《Abbey Road》를 골랐다. 대피소 안에 커피 향과 비틀스의 노래가 퍼졌다. 앨범에서 5번째 곡인 〈Octopus's Garden〉이 나올 때쯤에서야 정신이 들었다.

"그늘진 문어의 정원이 있는 바다 밑에 있고 싶어I'd like to be under the sea. In an octopus's garden in the shade"라는 가사와 링고 스타의 목소리가 잘 어울렸다. 내가 하고 있는 작업도 펭귄의 정원이 있는 바닷속을 엿보는 것이니, 노랫말과 어딘가 통하는 구석도 있다.

커피를 마시고 나서 펭귄 둥지를 찾았다. 우리가 잠들어 있는 사이에 젠투펭귄 3마리가 돌아와 있었다. 잠이 확 달아났다. 펭귄들에게서 장치를 수거한 뒤에 아침 식사를 준비했다. 어제 점심부터 세 끼 연속 라면이다. 배가 고팠지만 잘 넘어가지 않았다. 매번 맛이 다른 라면으로 끓이는데도 몸에선 다 같은 라면이라고 느끼는 것 같다. 영덕이도 표정이 안 좋았다.

"점심엔 다른 거 먹어요. 이제 라면은 못 먹겠어요."

"그래, 우리 좀 제대로 된 걸 먹어보자."

대충 식사를 정리하고 나자 세 사람이 대피소로 걸어오는 모습이 보였다. 오렌지색 구명복이 멀리서도 눈에 띈다. 독일 예나대학교의 한스울리히 페테르Hans-Ulrich Peter 교수와 그의 학생들이었다. 한스 교수는 30년 가까이 남극에서 도둑갈매기를 연구해왔다. 머리와 수염이 희끗희끗한 그는 여전히 매년 남극에 온다. 2014년에 처음 만난 뒤로 벌써 네 번째 만남이다.

"한스 교수, 반갑습니다. 올해도 만나네요. 잘 지내시나요?"

"오랜만입니다. 저는 잘 지냈습니다. 어제는 대피소에서 잤나요? 추워서 힘들었을 텐데 고생 좀 했겠군요."

한스 교수는 학생들과 껄껄 웃으며 말했다. 그러면서 10년 전에는 자기도 가끔 대피소에서 잤는데 추위와 습기 때문에 요즘은 거의 이용하지 않는다고 했다. 독일 연구자들은 대피소 근처에 있는 러시아 벨링스하우젠Bellingshausen기지에서 지냈다.

"그럼 우린 도둑갈매기 조사하러 갑니다. 좋은 데이터 많이 얻어가길 바랍니다."

그들은 짧은 인사를 마치고 떠났고, 우리도 펭귄을 찾으러 곧 대피소를 나섰다.

*

점심엔 누룽지를 끓여 김치와 함께 먹었다. 든든해진 속으로 언덕에서 펭귄이 오길 기다렸다. 등에 장치를 달고 걸어오는 펭귄 2마리가 눈에 띄었다. 사이좋게도 오는구나, 반가운 마음으로 그물을 들고 일어서는데 순간 녀석들이 멈춰섰다. 주변의 다른 펭귄들은 계속 걸어오는데 위치기록계를 달고 있는 2마리만 갑자기 그 자리에 그대로 섰다. 그러더니 돌아서서 다시 바다 쪽을 향한다. 이런, 큰일이다. 만약 다시 바다로 들어가면 잡기 힘들어진다.

예전에도 이런 경험이 있었다. 젠투펭귄 1마리가 나를 보기만 하면 도망가는 바람에 몇 주나 잡지 못하고 애만 태우다 결국 영덕이가 대신 잡아주었던 적이 있다. 한번 잡혔던 펭귄은 나에 대한 경계심이 강해지는 것 같다. 나는 언덕을 넘어 펭귄이 바다로 나가는 길목으로 내려갔다. 그리고 둥지 쪽으로 천천히 걸으며 펭귄들을 둥지 방향으로 유도했다. 아들레이 섬에 있는 젠투펭귄들이 펭귄마을에 있는 녀석들보다 훨씬 더 예민해 보인다.

다행히 일이 수월하게 진행되어 1마리를 제외하고는 오전 중에 위치기록계를 모두 수거했다. 운이 좋았다. 이제 1마리만 남았으니 기분 좋게 점심을 먹고 천천히 기다렸는데 한 녀석이 끝내 나타나지 않았다. 아델리펭귄의 머리글자 'A'에 두 번째 포획한 녀석이란 뜻으로 '02'를 붙여 'A02'란 이름을 붙였던 수컷 펭귄이다. 등에 비디오카메라를 달아주었는데 녀석은 바다로 나간 뒤 이틀째 돌아오지 않고 있다. 표범물범에게 잡아먹힌 건 아닐까. 남겨진 암컷과 새끼는 둥지에서 꼼짝하지 않고 기다리고 있었다. 바다로 나가 돌아올 때까지 걸리는 평균 시간이 9~10시간이란 점을 감안하면 예외적인 상황이 분명했다.

오후 5시경, 근처를 지나던 한국 기지의 고무보트에서 무전이 왔다.

"일이 끝났으면 태우고 갈까요?"

"펭귄 1마리가 아직 나타나지 않았습니다. 먼저 가십시오. 저는 남아서 더 기다려봐야 할 것 같습니다."

기지로 돌아가고 싶은 마음은 굴뚝같았지만 이대로 돌아갈 순 없다. 내일까지 하루 더 기다리기로 했다.

저녁을 먹고 30분 간격으로 펭귄 둥지에 가보았다. 녀석은 밤 12시가 넘도록 나타나지 않았고, 암컷과 새끼는 몸을 잔뜩 웅크린 채 눈만 뜨고 있었다. 나도 애타게 녀석이 보고 싶다. 펭귄이 무사했으면 하는 마음과 펭귄 등에 달아준 장비도 무사했으면 하는 마음이 모두 간절해진다. 새벽이 되도록 잠이 오지 않아 1시간 간격으로 둥지를 확인하고 있지만 여전히 돌아오지 않았다.

바위 언덕을 뛰어 내리는 턱끈펭귄.
곧게 편 다리가 생각보다 길어 보인다.

복귀

12월 29일
최저 영하 2도, 최고 영상 1도
구름 많음, 서풍 풍속 6~10 m/s

"펭귄이 실종되거나 사망한 것으로 판단하고 기지로 복귀하겠습니다."

오전 11시경, 우리는 더 이상 기다리는 것이 무의미하다고 생각하고 기지에 무전을 보냈다. 펭귄이 바다로 떠난 지 벌써 45시간이 지났다. 바다에서 무슨 일이 생긴 게 분명하다. 무슨 일인지는 아무도 모른다. 확실한 사실은 45시간이 넘도록 아델리펭귄 A02가 돌아오지 않았고, 다시 돌아올 확률은 매우 낮다는 것이다.

"살아 돌아왔군요. 고생하셨습니다."

숙소에서 만난 연구원들이 우리를 반겨주었다. 기지에 돌아오자마자 곧장 샤워부터 했다. 양손에 펭귄 분변 냄새가 배었다. 비누칠한 손을 미지근한 물에 담그고 냄새가 빠지길 기다렸다. 하지만 닭똥 같은 비릿한 냄새는 쉽게 없어지지 않았다.

펭귄이 사라진 이유에 대해 생각했다. 천적인 표범물범에게 공격당했을 가능성이 가장 높다. 하지만 다른 이유로 사라진 건 아닐까? 어쩌면 포식자 때문이 아니라, 내가 붙인 장비 때문은 아니었을까? 물론 현재 사용하는 장비와 연구 방법은 동물 윤리에 문제가 없다고 생각되는 것들이고, 이에 따라 전 세계의 펭귄 연구자들이 공유하는 방법이다. 하지만 수백 마리의 펭귄에게 괜찮았어도 1마리의 펭귄에겐 괜찮지 않았을 수 있다. 깃털에 붙은 이물질이 펭귄의 행동에 영향을 주었을 가능성을 생각해보지 않을 수 없다. A02의 실종과 그로 인해 남겨진 암컷, 굶고 있을 새끼에게도 죄책감이 들었다. 내가 멀쩡한 한 펭귄 가족을 망가뜨린 것만 같다. 정말 좋아해서 시작하게 된 연구지만, 과학적 목적을 위해 동물을 괴롭혔다는 사실이 모순적으로 느껴진다.

얼마 전 토끼의 눈에 샴푸나 마스카라에 사용되는 약품을 실험하는 사진이 공개되어 큰 논란이 되기도 했다. 혹자는 모기를 죽이는 것과 토끼를 죽이는 것이 근본적으로 뭐가 다르냐며 동물실험의 필요성을 주장하기도 한다. 하지만 동물 윤리의 핵심은 대상 동물의 관점에서 고통을 느끼는지의 여부다. 동물에게 고통을 주지 않는 방법이 우선시되어야 하며, 만약 고통을 준다면 고통을 덜어주기 위한 조치를 해야 한다.

불과 10여 년 전까지만 하더라도 무척추동물은 신경계나 뇌가 발달하지 않아서 고통을 느끼지 못한다는 통념이 있었다. 하지만 최근 연구에 따르면 바닷가재나 문어 같은 갑각류, 연체동물도 고통을 느끼며 상당히 높은 수준의 지능을 가지고 있다는 사실이 밝혀지고 있다. 사이 몽고메리의 책 《문어의 영혼》에는 사람과 문어가 교감하는 장면이 나온다. 작가는 '아테나'라는 문어의 빨판을 어루만지며 '외계인의 입맞춤' 같은 접촉으로 소통을 시도한다. 문어 역시 사람에게 관심을 나타내고 물을 쏘아대며 장난을 치기도 한다.

동물의 인지와 지능에 대한 보고가 하나둘 쌓이면서 동물 윤리에 대한 사람들의 인식이 바뀌고 있고, 동물 보호에 관한 법 개정도 이어지고 있다. 실제 이탈리아 법원은 살아 있는 바닷가재를 얼음과 함께 두는 것은 그들에게 정당화할 수 없는 고통을 주기 때문에 불법이라는 판결을 내리고 해당 음식점에 벌금형을 선고하기도 했다. 우리나라의 동물보호법에서도 「제23조 동물실험의 원칙」에서 '실험동물의 고통이 수반되는 실험은 감각능력이 낮은 동물을 사용하고 진통·진정·마취제의 사용 등 수의학적 방법에 따라 고통을 덜어주기 위한 적절한 조치를 하여야 한다'고 규정하고 있다.

*

옷을 갈아입고 침대에 누웠다. 지난밤 잠을 이루지 못해 몹시 피곤했지만 A02와 남겨진 암컷, 새끼가 생각나서 쉽게 잠이 오지 않았다. 혹시 다시 돌아오진 않았을까? 부디 살아 있기를 마음으로 빈다.

펭귄 응가.
뒤꿈치를 들고 강한 압력으로 분변을 발사한다.

요리

12월 30일
최저 0도, 최고 영상 3도
구름 많음, 동풍 풍속 5~9 m/s

　펭귄마을에 사는 젠투펭귄과 턱끈펭귄은 새끼를 키우는
기간엔 대부분 크릴만 먹는다. 미국의 생물학자 트리벨피스
Wayne Z. Trivelpiece의 1987년 논문에 따르면 젠투펭귄 1마리가
태어나 둥지를 떠날 때까지 소비하는 크릴의 양은 118킬로
그램에 이른다고 한다. 내가 2014년 젠투펭귄과 턱끈펭귄의
먹이원을 조사했을 때도 99퍼센트 이상이 크릴이었다. 크릴
은 키틴질로 된 껍질에 쌓여 있기 때문에 위장에 담았다가
뱉어도 형체가 그대로다. 새끼에게 조금씩 뱉어서 먹이기

에 좋은 먹잇감이다. 어린 새끼들은 한 종류의 먹이만 먹으면서도 그 안에서 필요한 영양분을 얻어 몸집을 키우고 성장한다.

펭귄과 달리 남극에 있는 인간은 여러 종류의 조리된 음식을 먹는다. 특히 세종기지에서 먹는 음식은 늘 맛있고 푸짐하다. 수십 대 일의 경쟁률을 뚫고 선발된 조리대원이 날마다 최고의 요리를 해주기 때문이다. 세종기지의 식재료는 냉동 컨테이너에 실려 온 것들이기 때문에 신선함은 떨어질 수밖에 없다. 꽁꽁 언 채 배를 타고 오는 동안 재료의 살아 있는 맛이 떨어지는 건 어쩔 수 없다. 그럼에도 불구하고 조리대원은 한국에서 먹는 것과 같은 맛을 살려낸다. 100명이 넘는 인원의 식사량과 입맛을 만족시키기 위해 대량의 재료를 준비할 뿐만 아니라 매일 메뉴를 바꾸기까지 한다. 지난해 월동대를 지낸 김남훈 조리장은 늘 이런 얘길 했었다.

"세종기지까지 왔는데 살이 빠져서 돌아가면 제 마음이 안 좋습니다. 몸무게가 줄어든 모습을 보면 한국에 계신 가족들도 얼마나 걱정을 하겠어요. 제 목표는 대원들 살 찌워서 보내는 겁니다. 남극에서 잘 먹어야죠."

늘 푸짐하게 식사를 준비해주던 그는 "잘 먹겠습니다" 하는 인사에 "맛있게 많이 드세요" 하고 답하곤 했다.

오늘은 저녁 메뉴로 감자튀김, 풋콩, 미역국이 나왔다. 저녁 식사를 마치고 데이터를 정리하다가 밤 10시경이 되자 슬슬 허기가 느껴졌다. 갑자기 해산물이 먹고 싶어졌다. 신선한 해산물은 남극에서 먹을 수 없기 때문인지 더욱 간절히 생각났다. 갓 잡아 올린 생선으로 회를 떠 먹으면 얼마나 행복할까? 나는 머릿속으로 겨울이 제철인 방어회의 감칠맛을 떠올렸다. 참치처럼 기름지고 두툼한 식감의 뱃살을 씹는 혀의 기억이 되살아났다. 코끝이 찌릿한 고추냉이를 간장에 가득 풀고 회를 집어 살짝 찍어 먹는 순간을 상상했다. 회를 좋아하시는 아버지의 모습도 떠올랐다. 추운 겨울밤, 아버지와 함께 수산시장에 가서 방어회를 떠 와 소주와 함께 먹던 기억도 났다.

진화심리학자인 전중환 교수는《본성이 답이다》라는 책에서 요리하는 인간의 본성을 이렇게 설명한다.

"음식은 만남이고 기억이다. 그저 영양분이 든 무언가가 아니다."

우리는 음식을 건네는 일로 누군가를 위로할 수 있다. 상대가 만족감을 느끼는 모습을 보며 행복해지는 것은 물론이고, 우리의 마음을 전할 수도 있는 것이다.

　상상을 거듭하다 결국 배고픔을 참지 못하고 식당에서 컵라면을 가져왔다. 이미 유통기한이 지났지만 여기선 어쩔 수 없다. 보통 봉지라면의 유통기한은 제조일로부터 6개월이기 때문에 갓 생산한 라면을 보내도 배를 타고 남극으로 오는 동안 유통기한이 임박하게 된다. 라면을 그리 좋아하지 않아서 한국에 있을 땐 잘 먹지 않는데도 남극에선 하루에 한 끼씩 꼬박꼬박 먹고 있다. 여기에선 이상하게 맛있다. 일식이 생각날 땐 튀김우동을 먹고, 중식이 생각날 땐 짜파게티를 먹는다. 가끔 지겨울 땐 비빔면이 별미다.

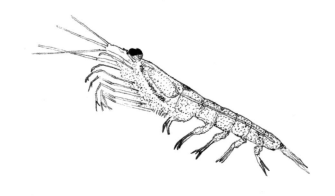

남극 크릴.
남극에 사는 펭귄의 주요 먹이원이다.

송년

12월 31일
최저 0도, 최고 영상 3도
맑음, 남동풍 풍속 4~8 m/s

아침 식사 무렵, 저녁 때 송년회가 있다는 공지가 나왔다. 펭귄에게 부착한 위치기록계를 수거하러 나갔다가 실패하고 오후 4시경 기지로 복귀했다. 3일 전부터 한 녀석이 계속 포획되지 않고 있다. 복귀한 지 1시간쯤 뒤, 펭귄마을에 있는 동료에게서 무전이 왔다.

"여기 등에 뭘 달고 있는 펭귄이 있어요."

"예, 즉시 가겠습니다!"

나는 곧장 짐을 챙겨 나갔다. 펭귄을 빨리 잡아야 한다는 생각과 어서 일을 마치고 기지에서 저녁을 먹겠다는 생각으로 걸음이 빨라졌다. 평소 30분 이상 걸리는 거리를 20분 만에 도착했다. 동료의 말대로 내가 찾던 펭귄이 돌아와 있었다. 재빨리 장치를 수거하고 발길을 돌렸다. 일을 마치고 돌아오는 데 1시간이 채 걸리지 않았다. 기록이다.

저녁은 바비큐 파티였다. 야외에 불판을 마련하고 숯불에 고기를 구웠다. 한 손엔 나무젓가락을 들고 한 손엔 쟁반을 받치고 불판 앞에 섰다. 때마침 눈이 내렸다. 평소 고기를 즐기지 않지만 눈을 맞으며 먹는 삼겹살이 맛있어서 과식을 했다.

*

자정이 다 되어갈 무렵, 누군가 기념사진을 찍자고 말했다. 아직 잠들지 않고 연구실에서 작업을 하고 있던 사람들 10명이 모두 자리에서 일어났다. 멀리 나가진 못하고 건물 앞 공터에 옹기종기 모였다. 삼각대에 카메라를 고정해놓고 타이머를 설정했다. 누군가 전자시계를 보며 11시 59분 0초부터 숫자를 거꾸로 세었다. "60, 59, 58…" 함께 숫자를 따라

외치며 새해를 기다렸다.

언젠가 뉴욕 타임스 스퀘어에서 오늘처럼 카운트다운을 한 적이 있었다. 그때 거리에서 흘러나온 노래는 존 레넌의 〈Imagine〉이었다. 그곳을 뒤덮은 인파와 함께 노래를 따라 부르며 1971년의 존 레넌이 꿈꿨던 세상을 되새겼고, 여전히 어딘가에서 벌어지고 있는 또 다른 전쟁, 테러, 폭력을 생각하며 평화를 기원했다.

누군가는 노랫말 속 세상이 그저 꿈같은 이야기라고 하겠지만 나는 그 노래를 들으면 남극을 떠올린다. 남극은 지구상 어느 국가에도 속해 있지 않은 유일한 곳으로, 오직 과학자들의 연구를 위해서만 체류가 허용된 땅이다. 세종기지에선 모두가 나눔의 미덕을 실천한다. 남극에선 물자가 한정되어 있기 때문에 가진 걸 나누며 서로를 돕는 행위가 당연하다. 아무런 대가 없이 먹을거리를 나누고 방한 용품을 빌려준다.

1월 1일 0시에 우리는 다 같이 손을 들고 공중으로 뛰며 그 순간을 사진에 담았다. 마지막 카운트다운을 외치며 생각했다. 세상이 남극처럼 바뀐다면 어떨까. 전쟁도 없이, 가난한 사람도 없이. 모두가 평화롭고 행복할 텐데.

젠투펭귄 부모와 부화한 지 2주 차 새끼.

신년

1월 1일
최저 0도, 최고 영상 3도
흐림, 서풍 풍속 4~8 m/s

　새벽 3시에 잠이 깨고는 다시 오지 않았다. 침대에서 일어나 가만히 창밖으로 해가 떠오르는 광경을 지켜봤다. 바다 건너편 수평선에서부터 노란빛이 올라오며 구름을 주황색으로 물들이더니 조금 뒤엔 보랏빛이 감돌았다. 해가 뜨면서 변화하는 하늘의 색을 보고 있으니 마음이 따뜻해졌다. 예년 같으면 소원을 빌었을지도 모르지만, 오늘은 그저 바라보고만 있었다. 조금씩 하늘이 밝아졌고 태양은 다시 구름 뒤로 숨어서 잘 보이지 않았다.

오늘은 특별 메뉴로 떡국이 나왔다. 김 가루가 뿌려진 뜨끈한 시골 국물을 한 숟가락 떠먹자 따뜻한 기운이 전신에 퍼졌다. 설날 아침에 가족들과 함께 먹던 떡국이 떠오르며 새해가 되었다는 사실이 조금 더 와닿았다.

바다에 파도가 거의 없는 날이다. 간간이 약한 바람이 딱 기분 좋을 정도로 분다. 하늘엔 엷은 구름이 가득해 햇볕을 적당히 가려준다. 이런 날은 야외 활동을 하기에 더할 나위 없는 날씨지만, 오늘 하루는 쉬기로 했다. 지난 며칠간 잠을 줄여가며 일한 탓에 몸과 마음이 지쳤다. 계획한 일을 빨리 끝내야 한다는 조급한 생각도 들었지만 휴식이 필요한 때라고 생각했다.

*

하루 종일 침대에 누워서 이어폰을 꽂고 음악을 들었다. 트럼펫 연주가 쳇 베이커의 음반을 순서대로 틀었다. 1950년대 중반, 젊은 시절의 연주가 담긴 앨범 《Young Chet》은 말 그대로 젊음을 들려준다. 젊다는 것은 어린 것과는 다르다. 이 앨범에서는 무한한 에너지와 자신감이 느껴진다. 무라카미 하루키는 《재즈의 초상》에서 "쳇 베이커의 음악에서는 청춘의 냄새가 난다"라고 썼다. 나는 하루키의 의견에 전적으로 공감한다. 20대 쳇 베이커의 트럼펫 연주는 꾸밈이 없다. 정직하다. 노래를 부르는 목소리는 따뜻하고 감성적이다. 게다가 외모는 제임스 딘을 닮았다.

쳇 베이커가 1980년에 발표한 앨범 《Leaving》은 그가 세상을 떠나기 전 남아 있는 모든 걸 태운 듯한 느낌이다. 앨범 표지엔 젊은 시절의 핸섬한 얼굴 대신 주름이 많고 틀니를 낀 노인의 모습이 있다. 하루키는 "제임스 딘과 달리 베이커는 그 시대를 살아남았다. 심한 표현이 될지 모르지만 그것이 쳇 베이커의 비극이기도 했다"라고 말했다. 나는 이 의견에는 동의하지 않는다. 비록 얼굴은 안타까울 정도로 늙었지만 트럼펫 음색은 유연해졌다. 노래하는 목소리에 달콤한 느낌은 사라졌지만 예전과는 다른 울림을 만들어 냈다. 어딘가 허전하고 공허해 보이는 외모는 비극적으로 변한 것일지 몰라도 음악은 외려 깊어졌다.

쳇 베이커 전기를 쓴 작가 제론 드 발크Jeroen de Valk는 《Leaving》을 그의 최고 앨범으로 꼽기도 했다. 나 역시 쳇 베이커의 음반에 점수를 준다면 노년에 만든 것들을 더 높이

평가하고 싶다. 그의 늙음과 살아남음은 하루키가 표현했던 것만큼 비극은 아니었다. 연주자로서 나이 들어서 더 멋진 소리를 낼 수 있다면 나이를 먹는 것도 그리 나쁘지 않다는 생각이 든다.

미국의 조류학자 챈들러 로빈스Chandler Robbins, 1918~2017는 99세의 나이로 세상을 떠나기 전까지 조류 연구에 매진했다. 말년에 들어서 뛰어난 연구 결과를 많이 발표한 그는 젊은 시절(1956년)에 하와이에서 레이산알바트로스Laysan Albatross를 조사한 적이 있었다. 그리고 46년이 지난 2002년, 같은 개체와 재회하며 레이산알바트로스의 수명이 적어도 46년이라는 사실을 알게 된다. 그는 그 새에게 위즈덤Wisdom이란 이름을 붙여주고 해마다 꾸준히 위즈덤을 관찰했다. 로빈스는 2017년에 세상을 떠났지만, 위즈덤은 그 후에도 살아 있는 모습이 확인됐다. 최소한으로 추정해도 68세가 된 할머니 새. 하지만 여전히 건강하게 알을 낳고 새끼를 키워낸다.

로빈스가 도중에 연구를 그만뒀다면 어떻게 됐을까? 당연히 위즈덤의 존재는 알려지지 않았을 것이고, 레이산알바트로스가 그렇게 오래 사는 동물이라는 사실도 알아낼 수 없었을 것이다. 번뜩이는 아이디어로는 알 수 없는 것. 어떤 연구는 이렇게 긴 호흡이 필요하다.

남극물개Antarctic Fur Seal.
바닷가 바위 위에서 햇볕을 쬐고 있다.

온난화

1월 2일
최저 0도, 최고 영상 3도
흐림, 서풍 풍속 4~8 m/s

　세종기지 앞 해안선은 북동쪽으로 휘어져 들어가며 바다
가 육지 쪽으로 굽어 들어온 곳이다. 마리안 소만이라고 불
리는 이곳은 최근 50년 사이 엄청난 변화가 있었다. 위성사
진 분석에 따르면 1956년부터 2012년까지 빙하 경계선이 약
1,700미터 뒤로 물러났다. 1년에 30여 미터씩 빙하가 후퇴하
고 있는 셈이다. 처음 마리안 소만에 왔던 게 2014년 12월이
었는데, 그 후 약 3년이 지나는 동안 눈에 띌 정도로 빙하가
사라졌다. 만약 비슷한 속도로 후퇴하고 있다면 지난 3년 동

안에도 100미터 이상 사라졌을 것이다.

특히 여름엔 빙하가 녹는 속도가 빨라지면서 떨어져 나온 얼음 조각이 바다 위를 떠다니는 장면을 자주 볼 수 있다. 한 번은 빙하가 무너져 내리는 장면을 본 적이 있는데, 너무 순간적으로 일어난 일이라 카메라를 꺼낼 겨를도 없었다.

펭귄마을에서 동쪽으로 5킬로미터 떨어진 곳엔 포터 소만 Potter Cove이 있다. 마리안 소만과 마찬가지로 빙하가 빠르게 소멸하고 있는 지역이다. 1989년부터 2016년까지 27년간 빙하의 경계를 비교한 결과 약 300미터가량 빙하가 사라진 것으로 확인됐다. 마리안 소만에 비하면 조금 느린 속도지만, 1년에 10여 미터씩 사라지고 있다. 빙하가 사라진 자리엔 육지가 드러났고 그곳엔 남방큰재갈매기Kelp Gull가 둥지를 틀기 시작했다. 주로 남아프리카와 남아메리카의 해안에서 번식하는 녀석들인데 남극권까지 남하해 빙하 후퇴지를 새로운 서식지로 삼은 것이다.

그렇다면 남방큰재갈매기에게는 온난화가 오히려 긍정적인 영향을 끼친 것은 아닐까? 지금과 같은 온난화가 지속된다면 적어도 남방큰재갈매기가 남극에서 번식하는 숫자는 증가할 것으로 보인다. 하지만 그 외 남극 대부분의 생물들에겐 현재의 기후 변화가 심각한 위협이 되고 있다.

포터 소만 옆에 있는 아르헨티나 기지에서 2003년부터 2012년까지 10년간 관찰된 바에 따르면, 남극의 여름 동안 피낭동물(척삭동물 가운데 몸 겉에 껍질 주머니가 있는 동물로 멍게류 따위가 있다.)과 크릴이 죽은 채 해안으로 떠밀려오는 일이 빈번했다. 특히 죽은 크릴의 위를 분석해보니 커다란 입자들이 많았다. 포터 소만에서는 빙하가 녹으면서 흘러내린 물이 계곡을 이루며 빠르게 해수로 유입되었는데, 이 과정에서 작은 토양입자들이 바다로 흘러들어 크릴 등에게 영향을 끼쳤을 거라고 추측하고 있다.

크릴은 남극 해양 생태계의 근간이 되는 가장 중요한 동물이며 펭귄과 고래의 주요 먹이이기도 하다. 만약 크릴이 대규모로 죽는 일이 계속 발생한다면 펭귄의 생존에도 부정적인 영향을 끼칠 것이 분명하다.

최근 미국 트럼프 대통령은 지구 온난화를 부정하며 과학자들이 연구비를 받으려고 하는 '과학적 사기'라고 말하고 있다. 게다가 지난 2017년에는 온실가스 감축을 위한 파리 기후변화협정을 탈퇴하겠다고 발표했다. 우리나라 또한 온실가스 배출 상위국이며 실제로 아열대 기후로의 변화를 겪고 있으면서도 여전히 온난화에 의문을 제기하며 환경 규제 완화를 외치는 사람들이 있다.

남극에서 온난화를 목격하는 입장에서 봤을 때, 앞서와 같은 주장을 접하면 당황스럽다. 때로는 무력감도 느낀다. 기후는 실제로 변하고 있고, 남극의 생태계는 그 결과를 직접 보여주고 있다. 우리는 무엇을 할 수 있을까? 일회용 종이컵 대신 텀블러를 쓰는 것으로 온난화를 막을 수 있을까? 지구적인 문제를 개인의 힘으로 해결하긴 어렵겠지만, 개인이 무언가를 시작해서 연대했을 때에야 사회적으로도 큰 힘이 모일 수 있다. 그렇게 모인 힘이 전 세계적으로 공감대를 얻어 서로 협력하게 될 때, 우리는 비로소 온난화라는 거대한 문제를 풀어나갈 수 있을 것이다.

남방큰재갈매기.
노란색 부리와 흰 몸통에 날개 끝은 검다. 다리는 곱게 접고 난다.

두 번째 캠핑

1월 3일
최저 0도, 최고 영상 3도
흐리고 눈 또는 비, 남동풍 풍속 2~6 m/s

다시 아들레이 섬에 왔다. 두 번째 캠핑이다. 지난 캠핑 이
후 필요한 물품 리스트를 만들었다. 두루마리 휴지, 즉석 카
레, 누룽지, 김치, 참치캔, 가스버너 바람막이, 라텍스 장갑,
베개, 무전기 배터리, 맥주, 저울, 쓰레기봉투, 랜턴. 아침 일
찍 리스트에 적힌 것들을 모두 확인하고 챙겼다.

지난번엔 젠투펭귄과 아델리펭귄의 번식기에 맞추어 왔
다면, 이번엔 턱끈펭귄이 목적이다. 보통 턱끈펭귄의 번식이
젠투펭귄이나 아델리펭귄보다 조금 늦어 일주일 정도 차이

가 난다. 오늘은 둥지에서 교대해 바다로 향하는 15마리의 성체를 무작위로 잡아 위치기록계를 부착할 계획이다. 그리고 내일 중으로, 혹 정말 운이 좋으면 오늘 밤까지, 다시 둥지로 돌아올 때를 기다렸다가 장치를 수거할 것이다.

그 전에 우선 아델리펭귄 번식지로 향했다. 혹시 A02가 돌아와 있을까 싶어서였다. 그러나 A02가 있던 자리는 비어 있었고 걱정했던 것처럼 짝과 새끼도 사라지고 없었다. 예상은 하고 있었지만 둥지가 사라진 빈 자리를 보자 마음이 허탈했다.

*

점심 무렵, 턱끈펭귄 13마리에게 GPS를 달아주었다. 오후 3시부터는 눈이 많이 내렸다. 이런 날씨엔 깃털이 젖어 있어 테이프의 접착력이 떨어지기 때문에 펭귄에게 장치를 부착하기 힘들지만, 그렇다고 내일로 미룰 수도 없는 노릇이라 최대한 서둘러서 작업을 끝냈다.

밤 11시쯤 턱끈펭귄 2마리가 돌아왔다. 그 2마리에 붙어 있는 장치를 수거하고 잘 준비를 시작했다. 칫솔질을 하는데 등에 위치기록계를 달고 있는 펭귄 1마리가 지나갔다. 나와 영덕이는 서로를 마주 보고는 동시에 한숨을 쉬었다. 다시 옷을 챙겨 입고 펭귄을 잡으러 갔다.

일을 마치니 자정이 넘었다. 허리가 아파서 제대로 눕기가 힘들어 구부정한 자세로 엎드린 채 침낭 속에 몸을 넣었다. 영덕이와 팩에 든 와인을 한 잔씩 마시고 음악 생각이 나서 휴대전화에 저장된 마일스 데이비스 앨범을 들었다.

바로 잠이 오지 않아 가고 싶은 여행지에 대한 이야기를 나누다가 갈라파고스가 나왔다.

"적도에 사는 펭귄이 있대. 나중에 기회가 되면 갈라파고스에 같이 가볼까?"

"형, 정말 같이 갈까요? 저도 갈라파고스에 있는 다윈의 핀치새를 보고 싶었어요."

마치 다음 식사 메뉴를 고민하는 사람들처럼, 캠핑을 하며 다음 캠핑지를 생각한다. 남극에서 적도에 갈 계획을 세우다니, 문득 피식 웃음이 났다.

수컷 아델리펭귄 A02는 끝내 찾을 수 없었다.
암컷 짝과 새끼는 일주일 사이에 둥지에서 사라지고 없었다.

반복

1월 4일

최저 0도, 최고 영상 3도

흐리다가 차차 맑음, 남동풍 풍속 2~6 m/s

아침 6시에 눈을 떠 물만 한 모금 마시고 곧장 펭귄 둥지를 확인하러 나갔다. 밤사이 2마리가 바다에서 돌아와 있었다. 펭귄을 포획해 장비를 모두 회수하고 대피소로 돌아와 빵과 커피로 간단히 아침을 먹었다. 그제야 조금 정신이 드는 것 같았다.

아침 9시, 두 번째로 둥지를 확인했다. 불과 2시간 사이에 5마리가 돌아왔다. 재빨리 기기를 수거했다. 왠지 일이 순조롭게 진행되는 것 같아 기운이 났다. 그 후 펭귄들이 한꺼번에 돌아오는 일은 없었지만, 밤 10시까지 1시간 간격으로 반복해서 나머지 6마리 모두 장치를 수거했다.

그사이 틈틈이 젠투펭귄과 턱끈펭귄 성체 13마리씩의 혈액을 채취했다. 영덕이가 펭귄을 붙잡고 있는 동안 펭귄의 날개 안쪽 정맥혈에서 혈관을 찾고 바늘을 꽂았다. 혈관이 잘 보이지 않을 때는 바늘을 여러 번 찔러야 했는데 영문도 모를 펭귄에게 미안해서 심적으로 힘들었다. 펭귄과 사람 모두에게 피로한 일이었다. 물론 피를 뽑힌 펭귄이 더 힘들었을 테지만.

밤 11시가 다 되어 일이 끝났다. 배가 무척 고팠지만 요리할 힘도 나지 않았다. 영덕이도 나도 완전히 지쳤다. 물을 끓이기도 귀찮아서 그냥 라면을 부숴 스프에 찍어 먹었다. 온몸에 힘이 하나도 없었다. 《Abbey Road》 앨범을 틀고 〈Here Comes the Sun〉을 흥얼거리며 창밖으로 해를 바라봤다. 가사와는 반대로 해가 지고 있었다. 태양은 지면 가까이에서 빛을 길게 뻗으며 땅 위의 펭귄들을 주황빛으로 물들였다. 펭귄의 그림자가 가늘고 길게 늘어졌다. 3시간 정도 지속되는 짧은 남극의 여름밤이 지나면 곧 다시 해가 떠오를 것이다.

자정이 지났지만 펭귄 둥지는 여전히 분주하다. 한밤중에도 바다에서 돌아와 새끼에게 먹이를 준다. 지금 바다로 나가는 녀석들도 보인다. 망망대해를 헤엄치는 펭귄을 생각한다. 매일 새끼에게 먹일 크릴을 찾아 나서지만 어디에서 찾을 수 있을지는 막막하기만 하다. 표범물범은 언제 어디서 나타날지 모른다. 그래도 바다로 나서기를 반복한다. 올해가 지나고 내년에도 같은 자리로 돌아와 알을 낳고 새끼를 키운다.

나 역시 벌써 4년째 매년 같은 자리로 와서 같은 일을 반복한다. 준비한 연구가 잘되는 때도 있지만 뜻밖의 변수 때문에 실험이 모두 헛수고로 돌아가는 일도 있었다. 늘 훌륭한 연구 결과를 내고 싶지만, 내 마음대로 되는 것도 아니다. 가끔은 '내가 왜 남극까지 와서 이런 고생을 하고 있나' 하며 울고 싶을 때도 있다. 그래도 매번 남극에 갈 때가 되면 새로운 의욕이 생기고 즐거운 기대를 하게 된다.

어쩌면 펭귄도 마찬가지가 아닐까? 매번 번식이 잘될 수는 없는 노릇이다. 펭귄이 20년 넘게 산다는 점을 감안하면 녀석들도 한 해 결과에 일희일비하진 않을 것 같다. '좀 힘든 한 해였어. 내년엔 좀 나아지겠지' 하는 기대로 그다음 해를 준비하지 않을까? 쳇바퀴처럼 돌아가는 생활이 지겹고 괴로울 수도 있을 테지만, 반복되는 삶 속에서 참고 기다렸을 때에야 비로소 찾을 수 있는 의미도 있다.

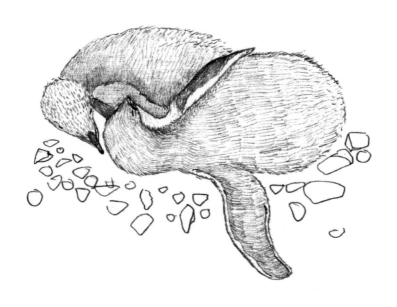

솜털이 보송보송한 새끼 젠투펭귄들.
땅바닥에 엎드려 서로 기대어 잠들었다.

상처

1월 5일

최저 0도, 최고 영상 3도

흐리고 비 또는 눈, 서풍 풍속 4~8 m/s

아침부터 눈이 내렸다. 함박눈이다. 하늘을 가득 덮은 눈송이가 소리 없이 쌓였다. 그러나 반갑지 않았다. 이렇게 눈이 많이 내리면 앞이 잘 보이지 않고 바닥은 꽤 미끄러워서 자칫하면 넘어지기 십상이다. 이대로 기지로 복귀하고 싶었지만 오늘이 아들레이 섬에서의 마지막 날이라는 생각을 하며 마음을 다잡았다. 눈을 맞은 옷이 조금씩 젖었다. 차가운 칼바람이 목과 소매 틈을 파고들어 으스스 떨렸다.

그물로 턱끈펭귄을 붙잡다가 철제로 된 봉이 휘었다. 턱끈펭귄은 순식간에 몸을 비틀어 날개를 강하게 퍼덕거리며 내 어깨를 때렸다. 조그마한 몸집에서 어떻게 그런 힘이 나오는지, 마치 성인 남자에게 맞은 것처럼 욱신거렸다. 정말 죽을 것 같은 위기에 닥치면 이 녀석들도 괴력을 발휘하는 것 같다. 나는 녀석을 그냥 놓아주었다. 대신 다른 펭귄 5마리에게서 계획했던 깃털과 혈액 샘플 채취를 마무리했다. 펭귄에 관련된 작업은 이걸로 모두 끝났다.

점심 식사를 하고는 도둑갈매기를 잡으러 갔다. 펭귄이 사는 언덕을 지나 도둑갈매기가 사는 언덕으로 올라갔다. 머리 위로 도둑갈매기가 날아왔다. 마치 위협을 하듯이 머리 위를 빠르게 난다. 영덕이는 날아가는 도둑갈매기의 다리를 맨손으로 낚아챘다. 6년째 남극에서 도둑갈매기를 연구하는 숙련자의 기술이었다. 나는 도둑갈매기에 대해선 거의 문외한에 가깝기에 영덕이가 도둑갈매기의 날개 치수를 측정하고, 혈액을 채취하고, 깃털에 붙은 진드기를 채취하는 동안 옆에서 보조 역할을 했다. 영덕이가 건네는 샘플을 받아 이름을 적고 필요한 도구를 건넸다. 어제 3마리, 오늘 2마리, 총 5마리의 도둑갈매기를 잡았다.

오후 3시를 기점으로 눈발이 더 굵어졌다. 우리는 조사를 마치고 기지에 무전 연락을 했다. 1시간쯤 지나 기지에서 고무보트가 도착했다.

*

기지로 돌아와 곧장 짐을 풀고 샤워실로 향했다. 그동안 씻지 못해서 머리가 근질거렸고, 무엇보다 온몸이 쑤셨다. 따뜻한 물로 씻으면 좀 나아질 것 같았다. 탈의실에서 상의를 벗었는데 왼팔과 가슴에 웬 거뭇한 흔적이 보였다. 뭐가 묻었나 싶어 손가락 끝으로 건드리니 눈물이 맺힐 정도로 아프다. 거울에 비추어보니 손바닥 정도 크기로 진한 보라색 멍이 들어 있었다. 이게 무슨 상처일까 한참을 생각하다 오전에 턱끈펭귄에게 맞은 일이 생각났다. 펭귄한테 맞아서 이렇게 큰 상처가 생길 수 있다니. 아직도 펭귄을 다루는 기술이 부족함을 느낀다. 의무실에서 파스를 가져다 팔과 가슴에 붙였다. 어서 능숙한 연구자가 되어 상처 없이 펭귄을 잘 다루어야 할 텐데. 멍이 든 자리가 계속 욱신거렸다.

눈 위를 걷는 젠투펭귄.

펭귄의 후각

1월 6일
최저 0도, 최고 영상 3도
구름 조금, 남서풍 풍속 4~8 m/s

날씨가 맑고 바람이 느릿느릿 불었다. 펭귄 번식지 언덕
에 가만히 앉아 있어도 추위가 느껴지지 않고 오히려 따뜻했
다. 점심 도시락을 먹고 잠시 짬을 내어 비탈에 홀로 앉아 펭
귄이 바다를 헤엄치는 모습을 바라봤다. 마침 젠투펭귄 수십
마리가 떼를 지어 돌고래처럼 물 위로 솟구치며 수영을 하고
있었다. 크릴을 잡으러 떠나는 모양이었다. 펭귄은 마치 어
디로 가야 할지 알고 있는 것처럼 보였다. 내가 보기엔 그저
드넓은 바다인데, 이 녀석들은 머릿속에 지도라도 들어 있는

걸까. 그렇다 해도 크릴이 어디서 어떻게 나타날 줄 알고 사냥터를 찾아가는 걸까?

펭귄은 냄새를 매우 잘 맡는다. 만약 바다의 플랑크톤 냄새를 잘 맡을 수 있다면 먹이가 있는 곳을 찾아갈 수도 있을 것이다. 다이메틸 일산화황Dimethyl Sulfide은 식물플랑크톤이 만들어내는 부산물인데, 알바트로스 같은 바닷새가 이 냄새를 통해 취식지를 찾는다는 연구가 있었다. 펭귄도 바닷새인 걸 감안하면 비슷한 능력이 있지 않을까?

2001년 독일의 해양동물학자 쿨릭Culik은 훔볼트펭귄이 다이메틸 일산화황을 이용해 취식지를 찾을 가능성에 대해 처음으로 언급했고, 2008년 남아프리카공화국의 동물행동학자 커닝엄Cunningham은 아프리카펭귄이 다이메틸 일산화황에 끌린다는 것을 실험적으로 밝혀냈다. 이어진 후속 실험으로 2011년에 남아프리카공화국의 조류학자 라이트Wright가 바다에서 다이메틸 일산화황을 뿌리면 주변에 펭귄이 모여든다는 사실을 확인했다. 이후 2013년 턱끈펭귄, 2017년 임금펭귄에서도 비슷한 행동이 보고되었다.

펭귄은 냄새로 짝이나 친족을 구분하기도 한다. 미국 시카고대학 매티오Mateo 교수 연구팀이 동물원에 사는 훔볼트펭

권의 기름샘에서 추출한 용액을 이용해 실험한 결과, 펭귄은 짝의 익숙한 냄새에 끌렸다. 그러나 짝을 찾는 시기엔 친족이 아닌, 유전적으로 거리가 먼 개체들의 냄새를 선호했는데 이는 근친교배를 피하는 메커니즘으로 추측된다.

*

언젠가 한 방송국에서 동물원에 있는 펭귄이 이상한 행동을 보인다며 자문을 구한 적이 있다. 훔볼트펭귄 부부의 암컷이 수조에서 헤엄을 치고 돌아오면 수컷이 사납게 공격을 하는데 왜 이런 행동을 하는지, 그 이유와 해결책을 물어왔다. 여러 가지 이유가 있을 수 있겠지만 어쩌면 냄새 때문일지도 모른다는 생각이 들었다. 암컷이 수조에 헤엄을 치러 다녀오는 동안 다른 펭귄들이 접촉을 시도하곤 하는데, 그 과정에서 암컷 몸에 묻은 다른 펭귄들의 냄새가 수컷을 자극하진 않았을까? 나는 암컷 펭귄의 기름샘에서 분비물을 추출해놨다가 암컷이 헤엄을 마치고 둥지로 돌아갈 때 몸에 뿌려주면 어떻겠느냐고 제안했다. 그리고 며칠 뒤 방송국에서 다시 연락이 왔다.

"정말 효과가 있었어요. 둥지로 돌아가는 암컷에게 기름샘 분비물을 뿌려주니까 수컷이 공격하지 않고 잘 받아들이고 있어요!"

후각에 대해 공부해두길 잘했군. 한 펭귄 부부의 가정 문제를 해결한 것 같아 뿌듯했다.

둥지에서 짝을 부르는 젠투펭귄.

죽음

1월 7일
최저 0도, 최고 영상 3도
구름 많음, 서풍 풍속 4~8 m/s

여름이가 죽었다. 오전 무렵, 둥지 가장자리에 죽은 채 쓰러져 있는 걸 발견했다. 깃털엔 더러운 것들이 많이 묻어 있었고, 몸은 딱딱하게 굳어 있었다. 겉으로 보이는 큰 상처는 없었다. 어제까지만 해도 건강해 보였는데 무슨 일이 있었던 걸까. 어쩌면 병원균에 감염된 것일 수도 있다. 정확한 원인은 알 수 없겠지. 사체는 그대로 두었지만 다른 동물들이 가만두지 않을 것이다. 도둑갈매기와 칼집부리물떼새Snowy Sheathbill가 이미 기회를 노리고 있었다. 여름이는 아마 곧 사

165

라질 것이다.

겨울이는 혼자 남았다. 멀쩡한 모습으로 남극이에게 먹이를 받아먹으며 활동적으로 움직였다. 몸무게는 1.9킬로그램. 이제 더 이상 새끼를 붙들고 무게를 재는 건 못할 것 같다. 근처에 있는 어린 녀석들이 한데 모이기 시작했다.

오후 조사를 마치고 기지로 돌아가는 길에 다시 여름이를 보러 갔다. 사체는 결국 도둑갈매기에게 먹히고 있었다. 늘 겪는 일이지만 날카로운 부리에 찢기는 모습은 차마 보기가 힘들다. 내가 개입해도 될까. 구하는 것이 옳을까, 아니면 그대로 두는 것이 옳을까? 도둑갈매기를 쫓아내고 싶은 마음은 굴뚝같았지만 그대로 지켜보기로 했다.

*

까치를 연구하던 시절에도 비슷한 일이 있었다. 태어난 지 일주일 정도 지난 새끼의 몸에 진드기가 잔뜩 달라붙은 것을 보고서 누군가 진드기를 떼어주고자 했다. 그때 나는 고민 끝에 진드기를 그대로 놔두어야 한다고 말했다. 까치를 연구하는 입장에서 당연히 몸에 달라붙은 기생충을 없애주고 싶었다. 그러나 자연에서 일어나는 일이다. 진드기 역시 까치의 몸에 달라붙어 피를 빠는 것으로 살아가는 동물이다. 혐오스럽고 불쾌하게 느껴질 수 있어도 '기생'이 그들 삶의 방식이다. 까치와 진드기 사이에 일어나는 일을 내가 거스르고 싶지 않았다.

대학원에 다닐 때 학부생을 대상으로 생물학실험 수업의 조교를 한 적이 있었다. 해부 실습에서 학생들은 1마리씩 배정받은 쥐를 잡고서 배를 갈랐다. 개인적으로 힘든 시간이었다. 해부 실습은 마무리되었는데 실험용 쥐 5마리가 남았다. 쥐는 멸균 시설에서 키우기 때문에 한번 사육장을 나오면 다시 들어갈 수 없다. 실험이 끝났으므로 쥐는 죽어야 했다. 해부 실습도 견디기 힘들었는데 남은 동물을 의미 없이 죽이는 일까지는 도저히 받아들이기가 힘들었다.

그래서 쥐들을 자취방으로 데려갔다. 햄스터용 우리를 구입해서 그 안에 넣고 키우기 시작했다. 해바라기씨와 말린 옥수수를 먹이고, 톱밥을 사서 일주일에 한 번씩 갈아줬다. 몸집은 작았지만 먹고 싸는 양이 엄청났다. 계속 자라나는 앞니를 갈아대는 소리 때문에 자다가 깨는 일이 많았다. 실험용 쥐를 사육한 경험이 있는 후배에게 듣기론 길어야 1년이라고 했는데, 내가 데려온 쥐들은 3년을 살았다. 쥐가 번식을 해서 수백 마리로 불어나는 꿈을 꾸기도 했다. 다행인지 모두 암컷이어서 새끼를 낳는 일은 없었다.

처음엔 5마리가 모두 똑같이 생겨서 구분하기 어려웠지만 나중엔 비만이 있는 녀석, 마르고 귀가 큰 녀석, 배에 종양이 생긴 녀석 등으로 구별되었다. 가장 오래 살았던 마른 녀석을 묻어준 날이 기억난다. 과연 행복하게 살다가 가는 건지 확신이 들지 않았다. 3년 동안 내 자취방에서 목숨을 이어간 것이 더 좋은 일이었을까? 지금도 명확한 답은 떠오르지 않는다.

도둑갈매기는 펭귄 사체를 뜯어 배를 채웠다.

삶

1월 8일
최저 0도, 최고 영상 3도
흐리고 비 또는 눈, 남동풍 풍속 4~8 m/s

　홀로 남은 겨울이는 잘 살아 있다. 바닥에 엎드린 모습이
어쩐지 외로워 보였지만 몸은 단단해 보였다. 세종이는 아무
렇지도 않다는 듯 둥지에 서 있었다. 마치 아무 일도 없었던
것처럼 평화로운 풍경이었다. 부디 겨울이는 죽지 않고 잘
살아남아야 할 텐데.

　도둑갈매기가 계속 눈에 띈다. 도둑갈매기는 맹금류의 것
과 같은 날카로운 부리로 펭귄 새끼의 목을 노린다. 펭귄을
잡으면 칼로 도려내듯 배를 갈라 자기의 배를 채운다. 잔뜩

배를 불린 도둑갈매기는 둥지로 날아가 그것을 도로 자기 새끼에게 뱉어준다. 펭귄 새끼가 도둑갈매기 새끼를 키우는 셈이다.

해안가 근처 번식지에서 등에 커다란 상처가 있는 턱끈펭귄을 만났다. 오래전 어딘가에 찢긴 것 같은 흔적이 크게 남아 있었는데, 아무래도 포식자인 표범물범에게 공격당했다가 살아서 돌아온 것 같다. 새끼 2마리는 건강하게 자라고 있었다.

*

오후엔 눈이 섞인 강한 바람이 불었고 파도가 높아졌다. 턱끈펭귄이 바다로 나갈 때 애용하는 커다란 바위에는 10마리가량이 줄지어 서 있었다. 파도가 부서지며 펭귄들 머리 위로 바닷물을 끼얹었다. 펭귄이 언제쯤 바다로 뛰어들지 궁금해져서 1시간이 넘도록 바라봤지만 단 1마리도 들어가지 않았다. 파도가 잦아들기를 기다리는 걸까. 둥지에서 먹이를 기다리고 있을 새끼를 생각하면 이렇게 낭비할 시간은 없을 텐데. 펭귄이 바다를 겁내고 있는 것 같았다. 세찬 파도 속에선 아무리 펭귄이라 할지라도 헤엄치기가 쉽지 않을 것이다. 날카로운 바위 모서리에 다칠 수도 있고, 혹여나 표범물범을 만난다면 도망가기도 어렵다. 그러는 사이 턱끈펭귄 2마리가 바다에서 뛰쳐나와 바위 위로 올라왔다.

파도는 쉽게 잦아들지 않았다. 게다가 밀물 때여서 기지로 복귀하는 길인 해안에도 발밑까지 바닷물이 밀려들었다. 결국 기지에 도착했을 땐 온몸이 젖어 있었다. 신발과 장갑까지 젖는 바람에 몸이 덜덜 떨리고 오한이 났다.

인간 역시 남극에서는 약자다. 1912년 영국의 남극탐사대를 이끌었던 로버트 스콧Robert Falcon Scott, 1868~1912은 노르웨이 탐험가 로알 아문센Roald Amundsen, 1872~1928에 이어 두 번째로 남극점에 도달했지만 돌아오는 길에 저체온증으로 삶을 마감했다. 2016년 또 다른 영국의 탐험가 헨리 워슬리Henry Worsley, 1960~2016도 남극 종단을 하던 도중 육체적 한계를 느끼고 구조를 요청해 칠레 푼타아레나스로 이송되었지만 결국 사망했다.

남극의 표범물범이 인간을 공격한 사례도 있다. 2003년 영국 남극조사단의 일원이었던 한 과학자는 수중에서 조사를 하던 중 표범물범에게 물려 바다로 끌려가 사망했다. 표범물범이 인간을 먹이로 생각했을 가능성은 적지만, 호기심으로 다가오는 접근일지라도 고무보트를 물어뜯는 등 큰 사고로 이어질 수 있어 무척 위험하다. 최근 세종기지에서 구입한 고무보트에는 음파를 송출하는 장치가 달려 있어서 다이버가 수중 조사를 하는 동안 표범물범이 싫어하는 고래의 소리를 튼다고 한다.

남극은 언뜻 고요하고 평화로워 보이지만 펭귄과 인간 모두에게 힘든 공간이다. 도처에 사고 위험이 있으며 죽은 이들도 많다. 그리고 살아남은 이들의 삶도 그리 만만치 않다.

펭귄 새끼의 목을 공격하는 도둑갈매기.

3부

사랑의
방식

짝

1월 9일
최저 0도, 최고 영상 3도
흐리고 비, 동풍 풍속 5~8 m/s

펭귄은 암수가 어떻게 만나고 헤어지는 걸까? 펭귄도 사랑을 할까? 요즘 내 머릿속에 가장 많이 떠오르는 질문들이다. 인간은 다른 동물의 사랑에 관심이 많아 예전부터 동물들의 짝짓기 행동을 유심히 관찰해왔다. 프랑스의 쇼베 동굴에는 약 3만 년 전 구석기시대 크로마뇽인이 그린 것으로 추정되는 동물 벽화들이 남아 있다. 코뿔소, 말, 사자, 표범, 올빼미 등을 그린 그림 300여 점이 있는데, 잘 살펴보면 수컷 코뿔소들이 뿔을 맞대고 암컷을 차지하기 위해 싸우는 모습이나 사자들이 짝짓기를 하는 것처럼 보이는 장면도 있다.

남극에 있는 펭귄들은 비교적 최근에서야 인간의 관심을 받게 되었다. 남극은 워낙 인간의 서식지에서 떨어진 곳이기 때문에 인간의 발길이 닿은 지 불과 100년 정도밖에 되지 않는다.

펭귄의 사랑과 헤어짐을 알기 위해 올해는 턱끈펭귄이 모여 사는 번식지 세 곳을 정해서 회귀율과 이혼율을 조사하고 있다. 지난해 100여 마리 펭귄에게 인식칩을 삽입해놓았고, 올해는 인식칩을 읽을 수 있는 리더기를 배낭에 넣고 다니며 1마리씩 확인하는 작업을 했다. 이제 거의 끝나가는데, 다시 자기 둥지로 돌아온 비율은 거의 절반에 그쳤다. 다른 지역에서 보고된 자료를 바탕으로 대략 60~70퍼센트 이상은 돌아올 거라고 예상했지만 그보다 적은 수치다. 이혼율도 꽤 높다. 지난해에 짝을 지었던 녀석들이 올해는 서로 다른 개체들과 짝을 짓고 있는 일이 흔했다. 절반 이상의 번식쌍이 이혼을 하는 것으로 보인다. 왜 어떤 녀석들은 짝을 유지하고 어떤 녀석들은 짝을 바꾸는 걸까?

당장 이혼의 원인을 밝히는 것은 어렵다. 앞선 연구 결과들을 보면, 부부가 새끼를 잘 키워내지 못했을 때 그 이듬해 각자 다른 짝을 찾을 확률이 높아진다고 한다. 자식을 키우려면 부부가 함께 힘을 합쳐야 하는데, 상대가 제대로 기여를 하지 못했다면 남은 번식 기간 동안은 다른 상대를 찾는 편이 더 유리할 것이다.

또 다른 중요한 변수는 번식지에 도착하는 시기다. 나는 월동을 마치고 번식지에 일찍 도착했는데, 만약 짝이 늦는다면 마냥 기다릴 수만은 없다. 먼 거리를 이동하느라 몸에 축적한 지방도 많이 소모한 상태이기 때문에 서둘러 짝을 찾고 먹이를 섭취해야 한다. 특히 황제펭귄이나 임금펭귄처럼 둥지를 짓지 않는 종들은 해마다 짝을 찾는 일이 가장 큰 문제다. 넓은 번식지에, 정해진 집도 없기 때문에 부부가 다시 만날 가능성은 더욱 줄어드는 것이다. 따라서 황제펭귄과 임금펭귄의 이혼율은 90퍼센트를 넘는다. 서로 싫어서 이혼한다기보다는 다시 만나기가 힘들어서 이혼하는 경우다.

턱끈펭귄의 이혼 원인은 번식지 도착과는 관련이 없어 보인다. 황제펭귄이나 임금펭귄처럼 둥지가 없는 종도 아니고, 번식지가 좁은 지역에 밀집해 있기 때문에 서로 만나지 못할 가능성도 낮다. 내 추측으로는 번식 성공률과의 연관성이 큰 것 같다. 작년에 눈여겨봤던 몇몇 둥지들 중 자식을 잘 키운 부부는 올해도 정말 사이좋게 짝을 유지했고, 반대로 자식을 제대로 못 키운 부부는 올해 헤어진 것으로 보였다. 이런 결과가 통계적으로 확인된다면 펭귄 부부의 이혼 원인을 번식 성공률을 높이기 위한 적응 전략으로 이해할 수 있을 것이다. 지금은 표본이 매우 적어서 확신할 수 없지만, 인식칩을 활용해 모으고 있는 데이터가 3년 정도 더 쌓이면 그땐 턱끈 펭귄의 이혼에 대해 좀 더 그럴듯한 설명을 내놓을 수 있을지 모른다. (물론 3년이 더 걸릴 수도 있다.)

턱끈펭귄 부부의 구애춤.
짝이 둥지로 돌아오면 마주보고 소리를 내며 서로를 확인한다.

고쿠분

1월 10일
최저 0도, 최고 영상 3도
흐리고 비, 안개, 남서풍 풍속 8~12 m/s

해안가에 젠투펭귄 둥지가 홀로 떨어져 있다. 다른 펭귄들은 벌써 부모만큼이나 많이 자랐는데, 한 부부가 이제야 해안에 둥지를 틀고 알을 낳았다. 알은 하나뿐이었고, 다른 알들에 비해 크기도 작다. 벌써 보름째 포란 중인데 아마 알이 부화하긴 힘들 것 같다.

오늘은 부부가 함께 둥지에서 춤을 추고 울어댔다. 신혼부부가 아닐까? 하는 행동도 어딘가 어리숙해 보인다. 제때 자리를 잡지 못해서 외곽으로 밀려나 남들보다 훨씬 늦었을 것이다. 이런 둥지는 여러 둥지가 모여 있을 때보다 공격하기가 수월하기 때문에 도둑갈매기의 표적이 된다. 도둑갈매기가 작정하고 덤벼들면 펭귄 혼자 방어해내기란 쉽지 않다. 그런데도 이제껏 잘 버텨온 녀석들이 대견하다. 남들에 비해 조금 늦게 알을 낳았지만, 꼭 새끼를 키울 수 있기를 바랐다.

*

대학원에서 까치를 대상으로 부모의 양육 행동을 연구한 나는 2014년 2월, 박사 과정을 마치고 나서야 펭귄을 알게 되었다. 운이 좋아 세종기지에서 펭귄 조사를 하게 되었지만 다른 연구자들에 비하면 상당히 늦은 시작이었다. 그때는 실제로 남극에 도착하면 펭귄을 어떻게 잡아야 하는지도 몰랐다.

그때 일본의 고쿠분國分 박사에게 많은 도움을 받았다. 그는 2006년과 2010년 두 번에 걸쳐 세종기지를 방문해 젠투펭귄과 턱끈펭귄을 연구했으며 위치기록계와 가속도계 등 펭귄의 몸에 장치를 달았다가 회수해 컴퓨터로 확인하는 바이오로깅Biologging 연구로 박사 학위를 마친 펭귄 전문가였다.

첫 남극행을 앞두고, 한 달가량 일본 극지연구소에 머물면서 고쿠분 박사와 함께 현장 연구를 준비했다. 그는 훌륭한 연구자이면서 동시에 좋은 선생님이었다. 두 손으로 펭귄의 다리를 잡고 팔로 날개 부분을 고정하는 방법부터 펭귄의 깃털에 장치를 부착하고 수거하는 과정까지 상세하게 알려주었다.

2014년 12월 남극의 여름, 우리는 세종기지에 머물면서 조사를 했다. 처음엔 고쿠분이 주도하고 내가 옆에서 보조하는 방식으로 하다가, 점차 내가 펭귄을 붙잡는 데 익숙해지면서 역할을 바꾸기도 했다. 그는 굉장히 차분하고 진지한 사람이었는데, 가끔 내가 실수를 하거나 순서를 뒤바꿔서 할 때면 자못 화난 표정을 짓기도 했다. 반대로 본인이 실수를 할 때면 자책하면서 미안함을 표시했다.

우리는 연구자로서 펭귄에게 예의를 지키고자 노력했다. 동물을 붙잡고 있을 때엔 스트레스를 최소화하기 위해 발걸음도 조심했으며 목소리도 거의 내지 않았다. 펭귄 둥지 근처에서는 거의 손짓과 발짓으로 소통하거나, 말을 해야 하더라도 성대를 울리지 않은 채 속삭이며 말했다.

평소 말이 별로 없었던 그가 어느 날 일을 마치고 기지로 복귀하던 길에 먼저 말을 꺼냈다.

"원영, 너는 젠투펭귄이 좋아, 턱끈펭귄이 좋아?"

갑작스런 질문에 적잖이 당황스러웠다. 엄마가 좋아, 아빠가 좋아, 하는 질문만큼이나 대답하기 어려웠다. 그러다 젠투펭귄에게 날개로 얻어맞았던 기억이 났다.

"나는 턱끈펭귄이 더 좋은 것 같아."

고쿠분은 "나는 젠투펭귄이 더 좋더라고" 하며 웃었다.

"젠투펭귄은 가끔 정말 사람 같아. 예민하면서도 호기심이 많거든."

고쿠분은 가끔 젠투펭귄 사진을 찍었다. 그의 취미인 판화로 남극의 바다를 배경으로 서 있는 젠투펭귄의 모습을 새겨서 보여주기도 했다. 젠투펭귄을 좋아하는 마음이 진심으로 느껴지는 그림이었다.

그해 남극의 여름이 끝나갈 무렵, 조사 마지막 날 그는 축하의 말을 건넸다.

"그동안 고생했어. 넌 이제 내 도움이 없어도 될 것 같아. 독립적인 펭귄 연구자가 된 걸 축하해."

이제는 내가 대학원생 연구자들에게 펭귄을 대하는 방법을 알려주고 있다. 펭귄을 붙잡는 방법부터 장치를 어떻게 깃털에 고정하는지 등 기술적인 부분까지 전수한다. 펭귄에 대한 예의도 물론이다. 고쿠분과 내가 그랬듯이 나와 동료 연구원들도 야외 조사 중에는 거의 말을 하지 않는다.

둥지의 돌이 주변으로 흩어졌다.
새끼는 배를 깔고 아무렇게나 누웠다.
몸집은 이미 부모만큼 컸지만 여전히 솜털로 덮여 있다.

새싹

1월 11일
최저 0도, 최고 영상 3도
흐리고 비, 안개, 서풍 풍속 10~16 m/s

비상 대피소 부근 해안의 바위틈에서 초록 잎을 틔운 식물을 찾았다. 잔디처럼 가는 잎이 삐죽삐죽 불규칙하게 튀어나왔고 키는 불과 5~6센티미터를 넘지 않았다. 생김새로 봐선 남극좀새풀인 것 같다. 아주 작은 흰색 꽃을 피운다고 들었는데 꽃은 찾지 못했다. 남극 깊숙한 지역에서 현화식물이 발견된 적은 없지만, 세종기지가 있는 킹조지 섬은 남극에서도 가장 따뜻한 축에 속하기 때문에 곳곳에서 자란다고 한다.

식물학자들에게 듣기론 남극에서 자라는 식물은 전 세계

현화식물 23만 5,000종 가운데 단 2종, 남극좀새풀과 남극개미자리뿐이라고 한다. 이 두 식물은 낮은 기온에서도 생리 활동을 유지할 수 있는 능력이 뛰어난 덕분에 남극에 적응했다. 기온이 영하로 내려가면 얼음이 생기면서 세포가 깨질 수 있지만, 결빙방지단백질이 있어 얼음 결정이 생기지 않는다. 온대 지방에 사는 식물은 보통 섭씨 20~30도에서 광합성이 가장 활발하지만, 남극의 식물은 20도 이상의 온도에서는 오히려 광합성이 거의 이루어지지 않는다. 이들의 활성은 10도 부근에 맞춰져 있어 남극의 여름철 환경에 적합하다.

미국의 철학자이자 수필가인 헨리 데이비드 소로의 관찰기《소로의 야생화 일기》에는 "야생화는 단 하나의 빛도 허투루 쓰지 않는다"는 문장이 나온다. 남극좀새풀은 춥고 척박한 곳에서도 짧은 여름날의 빛을 모아 광합성을 하고 꽃을 피운다. 돌 사이를 뚫고 자라난 풀이 겉으론 보잘 것 없어도 한편으론 역경을 이겨낸 승리자처럼 위대해 보였다.

남극좀새풀 한 무더기를 찾고 나자 여기저기서 남극좀새풀이 계속 눈에 띄기 시작했다. 늘 다니던 길에 이렇게나 많은 남극좀새풀이 있었다니. 그동안 모르고 지나쳤던 나의 무심함과 무지함을 탓하며 행여나 밟지 않도록 조심스레 잔걸음으로 걸었다.

*

저녁 식사를 하러 가는 길, 기지대장님을 만났다. 채소가 한 아름 담긴 바구니를 품에 안은 그는 웃는 얼굴이었다. 온실에서의 첫 수확물인 모양이다. 그중에서도 잔뜩 담긴 무순이 눈에 들어왔다. 눈이 마주친 대장님은 말없이 다가와 한 움큼 무순을 집어 들어 내 입으로 가져다 댔다. 나 역시 말없이 입을 열었다. 입안 가득 향긋한 내음이 퍼졌다.

부화한 지 4주 차 젠투펭귄 새끼.
두 발로 서서 날개를 흔들기 시작했다.

발자국

1월 12일
최저 0도, 최고 영상 3도
흐리고 비, 동풍 풍속 14~20 m/s, 강한 바람 주의

아침 식사를 마치고 펭귄 번식지로 향하는 오르막길, 눈 위에 세 종류의 발자국이 어지럽게 찍혀 있다. 간밤에 생긴 것으로 보였는데, 길이가 대략 15센티미터는 되어 보이는 큰 것 하나와 10센티미터 남짓 되어 보이는 것이 둘이다. 발자국 옆으로 선홍빛 액체가 흩뿌려지며 눈을 녹인 자국이 남아 있다. 살려는 의지와 죽이려는 의지가 뒤섞인 흔적이다. 무슨 일이 있었던 걸까? 범죄 현장을 감식하는 수사대가 된 기분으로 흔적을 쫓았다.

세 종류의 발자국 가운데 하나는 보자마자 주인을 금방 알 수 있었다. 젠투펭귄이다. 긴 발가락 끝에 발톱이 있고, 발 안쪽으로는 물갈퀴 같은 것이 돋아 있다. 10센티미터가량 되는 작은 발자국은 새끼 젠투펭귄 같다. 그래도 부화한 지 2주는 넘은 꽤 큰 녀석일 것이다. 이 정도로 큰 펭귄은 도둑갈매기에게 쉽사리 사냥당하지 않는데, 아무래도 도둑갈매기보다 더 큰 포식자에게 사냥당했을 가능성이 높다.

공격당한 펭귄이 크다는 점과 사냥이 밤사이에 이뤄진 점으로 미루어봤을 때, 가장 큰 발자국은 남방큰풀마갈매기로 보인다. 남방큰풀마갈매기는 무게가 3~4킬로그램가량 나가며 날개를 펼치면 2미터가 넘는 대형 조류로, 주로 밤 시간대에 나타나 상대적으로 큰 펭귄 새끼를 노린다.

나머지 발자국은 발톱 사이에 엷은 막이 있고 예리한 발톱이 길게 나 있다. 전형적인 도둑갈매기의 발자국이다. 남방큰풀마갈매기에 비해 현저히 적은 발자국을 남긴 것으로 볼 때, 뒤늦게 나타났다가 금방 자리를 떠났을 확률이 높다. 남방큰풀마갈매기가 펭귄의 숨통을 끊고 사체를 뜯는 동안 그 모습을 본 도둑갈매기가 잽싸게 나타나 사체 조각 몇 개를 얻어 간 것은 아니었을까.

*

펭귄이 자주 다니는 언덕에는 고랑처럼 그들만의 길이 만들어졌다. 나를 비롯한 사람들은 이 길을 '펭귄 고속도로Penguin highway'라고 부른다. 발자국이 하나둘 모여 눈을 꾹꾹 밟고, 발의 온기가 조금씩 눈을 녹여 길을 만들었을 것이다. 수천 마리의 펭귄이 매일 이 길을 걷는다.

20마리 정도 되는 젠투펭귄 무리가 한 줄로 서서 펭귄 고속도로를 걷고 있다. 앞서가는 펭귄이 주춤거리면 뒤에서 오던 펭귄도 잠시 멈춰 기다리니 교통 정체가 생기기도 한다. 출퇴근 시간 인간의 도로와 너무 흡사하다. 기지로 돌아가려면 펭귄 고속도로를 가로질러 가는 편이 빠르고 편하지만, 나는 근처 언덕 사면으로 올라가 우회해서 걸었다.

남방큰풀마갈매기. 부화 후 2주 차 된 새끼는 부모와 꼭 닮았다.
사람이 근처를 지나가면 '갸르릉' 하고 낮은 소리를 내며 경계한다.

짚신벌레

1월 13일
최저 0도, 최고 영상 3도
흐리고 눈, 서풍 풍속 6~10 m/s

세종기지의 룸메이트인 경민은 분류학을 공부하는 박사 과정 학생이다. 분류학은 지구에 사는 생물을 특정 기준에 따라 계통을 나누어 정리하는 학문이다. 경민은 요즘 책상에 앉아 컴퓨터로 사진을 띄워놓고 그림을 그리고 있다. 마치 우주의 은하와 별이 떠 있는 듯한 사진이다. 그림이 멋지다고 했더니 경민은 쑥스러워하며 대답했다.

"대단한 사진은 아니고요, 이끼에 붙어 있는 섬모충을 찍은 현미경 사진이에요."

검은 바탕에 밝게 빛나는 둥근 형체가 섬모충이었다. 우리가 흔히 알고 있는 짚신벌레는 섬모충의 한 종류인데, 남극에도 섬모충이 있다. 바닷물에도 있고 호수에도 있으며 흙을 떠도 보인다. 해상을 포함한 거의 모든 곳에서 발견된다고 한다. 흔한 생물이지만 남극 생태계 순환에서 없어선 안 될 중요한 매개체 역할을 한다. 섬모충이 미생물인 박테리아를 잡아먹고, 자신은 다른 동물플랑크톤에게 먹히는 과정에서 탄소를 포함한 물질을 생태계의 상위로 전달하는 것이다.

경민은 섬모충을 1마리씩 골라내 크기를 재고, 몸에 난 털도 하나씩 길이를 측정했다. 섬세하게 다루어야 한다며 자기 속눈썹을 한 올 뽑더니 가느다란 막대 끝에 붙이고는 그걸 갈고리처럼 이용해 현미경을 보면서 섬모충을 조금씩 이동시켰다. 그러다가 속눈썹이 다 없어지는 거 아니냐고 묻자 생각보다 금방 다시 난다며 아무렇지 않다는 듯 대답했다.

"잘 보면 섬모충이 정말 귀여워요."

경민은 현미경을 들여다보면서 속마음을 고백하듯 말을 꺼냈다.

"자세히 보면 미세한 털을 살짝 움직이면서 물속을 헤엄치거든요. 펭귄만큼은 아니어도 가만히 보고 있으면 정말 예뻐요."

그 말에 나도 현미경을 들여다봤지만 털이 달린 작은 단세포가 귀엽고 예쁘다는 말을 이해하기는 어려웠다. '자세히 보아야 예쁘다. 오래 보아야 사랑스럽다.' 나태주 시인의 말처럼 섬모충도 그런 걸까.

*

기지에서 처음 인사한 분에게 펭귄을 닮았다는 이야기를 들었다. 칭찬인지 욕인지 구분하기 어려웠지만 기분이 나쁘진 않았다. 그러고 보니 대학원 시절 까치를 연구할 때는 까치를 닮았다는 소릴 많이 들었다. 가끔 이름 대신 '까치'라고 부르는 사람들도 있었다. 펭귄을 연구하기 시작하면서부터는 부쩍 펭귄 닮았다는 얘길 많이 듣는다. 연구자는 자기가 연구하는 동물을 점점 닮아가는 걸까?

방에 누워서 경민이와 그런 얘길 나누다가 "너는 혹시 섬모충 닮았다는 얘기 들어본 적 있니?" 하고 장난으로 물어봤는데 "누가 섬모충 닮았다고 얘기한 적이 있어요"라는 대답이 돌아왔다.

"설마. 너 섬모충은 안 닮은 것 같은데."

아무래도 사람들이 연구자와 연구 종을 동일시해서 생각하기 때문인 것 같다. 아니면, 정말 섬모충을 닮은 얼굴도 있을까?

Paraholosticha muscicola

Neokeronopsis asiatica

Gonostomum cf. strenuum

Urosomoida sejongensis

남극체험단원 이소영 씨가 박경민 연구원에게 선물한 섬모충 그림.
각기 다르게 생긴 섬모충의 특징이 잘 담겼다.

안개

1월 14일
최저 0도, 최고 영상 3도
구름 많고 비 또는 눈, 안개, 서풍 풍속 5~9 m/s

　오늘은 안개가 자욱하게 기지를 감쌌다. 숙소에서 본관으로 이동하려고 문을 열었는데 눈앞에 아무것도 보이지 않을 정도로 진한 안개가 끼었다. 기지에서 조금 벗어나면 괜찮을 거라 생각하고 나갔다가 앞이 거의 보이지 않아 결국 다시 돌아왔다. 이런 날은 자칫 사고가 날 수 있기 때문에 위험하다.

　오전엔 숙소에서 컴퓨터로 데이터를 정리하고 분석했다. 전체적으로 올해 번식 지표는 작년에 비해 조금 떨어진 것으로 보인다. 알에서 깨어난 새끼 2마리 가운데 젠투펭귄은 평균 1.14마리, 턱끈펭귄은 평균 1.33마리가 살았다.

오후에도 날씨가 좀처럼 나아지지 않았다. 한국에 있는 가족에게 메시지를 보내려 했지만 인터넷 연결이 되지 않는다. 이럴 땐 남극에 있다는 사실이 실감 난다. 고립된 곳에 갇혀 있다는 기분이 들어 조금 답답해졌다.

기지의 건물 벽은 단열을 위해 두껍게 만든다. 그래서 창틀이 꽤 깊다. 사람이 올라앉을 수 있을 정도의 깊이다. 실제로 나는 거기에 자주 들어가 앉았다. 밑에 이불을 깔고 등에 베개를 받치고 앉으면 춥지 않다. 창문으로 들어오는 빛이 자연조명이 되어 책장을 비췄다.

오늘은 김애란 작가의 소설 《바깥은 여름》을 읽었다. 제목 그대로 지금 바깥은 여름이다. 비록 남극의 여름이지만. 작가의 말에 쓰인 마지막 문장이 계속 머리를 맴돈다. "내가 이름 붙인 이들이 줄곧 바라보는 곳이 궁금해 이따금 나도 그들 쪽을 향해 고개 돌린다." 세상을 바라보는 작가의 따뜻한 시선이 느껴지는 문장이었다.

최근 며칠 동안 한국에 두고 온 일들 때문에 머리가 아팠다. 쉽사리 해결되지 않을 것 같은 복잡한 관계에 속상한 일들도 있었다. 하지만 남극의 바다 풍경을 곁눈질하며 책을 읽는 동안 마음이 한결 편안해졌다. 책을 읽는다고 문제가 해결되지는 않지만, 그래도 조금은 위안이 된다.

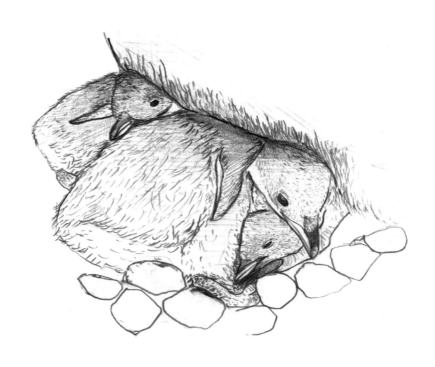

어느 날 젠투펭귄 새끼가 1마리 늘었다.
근처에 있던 다른 새끼가 둥지를 잘못 찾아 들어간 것 같다.
하루 동안 남의 둥지에 머물던 녀석은 다음 날 자기 자리로 돌아갔다.

꿈

1월 15일

최저 0도, 최고 영상 3도

맑음, 서풍 풍속 6~10 m/s

젠투펭귄 조사는 끝이 났고 이제 턱끈펭귄으로 넘어갔다. 번식 시기는 보통 젠투펭귄이 턱끈펭귄보다 약 2~3주 정도 빠르다. 같은 종 안에서도 개체마다 차이가 있기는 하지만 이제 어린 새끼들이 있는 젠투펭귄 둥지는 거의 눈에 띄지 않는다. 벌써 부모 몸집만큼 자란 새끼들은 부모의 부리를 쪼며 먹이를 보챈다. 그에 반해 턱끈펭귄은 새끼가 부화한 지 이제 1~2주 정도 된 둥지가 대부분이다. 가장 빠른 속도로 성장하는 시기이기 때문에 부모 역시 가장 바쁘게 바다를 오간다.

주먹밥과 보온병에 담아 온 따뜻한 물로 대피소에서 점심을 먹었다. 오후엔 위치기록계를 달아놓은 턱끈펭귄 1마리를 기다렸다. 3일 전에 잡았었는데 아직 만나지 못한 녀석이다. 둥지가 내려다보이는 언덕에 앉아 기다리는데 졸음이 몰려왔다. 바람도 거의 불지 않아 어느새 죽은 듯이 정신을 놓고 잤다. 한 30분쯤 잠든 사이 꽤 선명한 꿈을 꿨다. 기다리던 펭귄을 잡아 장치를 회수하는 꿈이었다. 너무 현실적이어서 깨고 난 뒤에도 한참을 멍하니 있었다.

요즘은 꿈에 펭귄이 자주 등장한다. 어젯밤엔 젠투펭귄들과 함께 수영하는 꿈을 꿨다. 마치 무리 지어 하늘을 나는 기러기들처럼 V자형을 이루면서 거대한 대형을 만들었다. 나는 그 가운데 끼어서 자유형으로 헤엄쳤다. 쉬지 않고 물 밖으로 고개를 내밀어 숨을 내쉬면서 펭귄들과 호흡을 맞췄다. 다행히 뒤처지지 않고 잘 따라잡으면서 앞으로 나아갔다. 무리에 녹아들어 마치 펭귄이 된 듯한 기분이었다. 꿈에서 깨어 멍하니 있다가 창밖으로 바다를 내려다봤다. 펭귄들이 보였다. 내가 진정 펭귄에 빠져 있구나, 피식 웃음이 나왔다.

펭귄들이 헤엄치는 속도는 평균 시속 5~8킬로미터 정도

다. 순간 속력은 더 빠를지도 모르지만 먼 거리를 쉬지 않고 이동할 때의 평균값을 구한 결과다. 인간의 50미터 자유형 수영 기록이 시속 8킬로미터 정도 된다고 하니, 내가 꾼 꿈이 아주 말도 안 되는 건 아니다.

젠투펭귄 2마리가 해안가에서 함께 헤엄을 치고 있다.

조금은 특별한 사랑

1월 16일

최저 0도, 최고 영상 3도

흐리고 비, 북풍 풍속 7~12 m/s

턱끈펭귄 1쌍이 구애춤을 추며 짝짓기를 하는 모습을 관찰했다. 흔한 광경이었지만 이들의 행동은 여느 펭귄 부부와 조금 달랐다. 아무리 봐도 수컷과 수컷이 짝을 이룬 것 같았기 때문이다. 다른 펭귄들은 진작에 알을 낳고 새끼를 키우는 단계였지만, 이들은 한참 늦게 짝을 짓고 서로 사랑을 나누었다.

펭귄의 동성애에 대한 첫 기록은 약 100년 전으로 거슬러 올라간다. 1910~1913년 스콧 원정대에 참여했던 동물행동학자이자 외과의사인 조지 레빅George Murray Levick, 1876~1956은 1911년부터 1912년까지 남극의 여름 동안 케이프 어데어 지역에서 수컷끼리의 짝짓기 행동을 우연히 관찰하게 되었다. 그는 당시로서 그것이 너무 충격적이라 생각했는지 차마 모국어인 영어로 쓰지 못하고 그리스어로 기록했는데, 훗날 그의 기록이 다시 영어로 번역되어 2012년에 공개되었다. 남극에서 40년 이상 아델리펭귄을 연구해온 미국의 생태학자 데이비드 에인리David Ainley 박사도 펭귄 수컷 2마리와 암컷 1마리 사이의 삼각관계를 관찰한 적이 있다고 한다.

동물원에 있는 펭귄들까지 범위를 넓혀보면 더 많은 기록이 남아 있다. 영국의 일간지 〈인디펜던트〉의 2016년 기사에 따르면, 독일 베를린 동물원의 수컷 임금펭귄인 스탄과 올리, 아일랜드 수족관의 암컷 젠투펭귄 퍼넬러피와 미시 등이 동성 커플이었다. 영국 켄트 동물원의 수컷 훔볼트펭귄 점스와 커미트 커플과 미국 센트럴파크 동물원의 수컷 턱끈펭귄 로이와 실로 커플은 다른 둥지에서 버려진 알을 넣어주자 정성껏 품어 부화하기도 했다. 로이와 실로가 키운 탱고의 이야기는 《And Tango Makes Three》라는 제목의 그림동화로 출판되기도 했으며 한국에는 《사랑해 너무나 너무나》라는 제목으로 번역되었다.

　실제 동성 간 성적 행동이 나타나는 동물은 펭귄 외에도 초파리에서 보노보까지, 450종 이상에서 보고된 바 있다. 자손을 남기지 못하는 동성 간의 사랑이 이렇게 많은 동물들에서 보편적으로 관찰되는 현상을 어떻게 설명할 수 있을까? 사회적 유대감을 증가시킨다거나 성적으로 미성숙한 개체들 간의 연습이라는 적응적 가설도 있고, 반대로 단순히 성별을 오판한 실수이거나 성비가 맞지 않은 채 고립된 결과, 혹은 진화적인 부산물이라는 설명도 있다.

　내가 관찰했던 턱끈펭귄 커플이 정말 수컷 간의 사랑이 맞는지, 그렇다면 그들의 관계가 얼마나 지속될 수 있을지 지금으로선 알 수 없다. 뉴욕 동물원의 턱끈펭귄 커플 로이와 실로의 이야기는 '오래오래 행복하게 살았습니다'로 마무리되지 않는다. 실로가 스크래피라는 암컷을 만나 짝을 짓게 되면서 둘은 헤어졌으며, 로이는 짝을 짓지 못한 수컷 무리로 돌아간다. 홀로 남겨져 무리로 돌아가는 로이의 모습을 생각하면 슬프지만, 성별을 떠나 너무도 현실적인 사랑의 모습에 고개를 끄덕일 수밖에 없다.

턱끈펭귄의 짝짓기.
서로 부리를 맞대며 구애 행동을 한다.

잠

1월 17일
최저 0도, 최고 영상 3도
흐림, 서풍 풍속 4~8 m/s

대피소 옆 해안가에 남방코끼리해표Southern Elephant Seal
7마리가 자고 있었다. 모두 어두운 갈색을 띤 암컷으로 보였
다. 등 부위는 색이 진하고 어두우며 배 쪽으로 갈수록 연해
진다. 꼭 등이 어둡고 배가 흰 물고기와 비슷하다. 살짝 태운
고등어 같다고나 할까. 펭귄이 우는 소리가 꽤나 시끄러울
텐데 전혀 신경 쓰지 않고 잘 잔다.

턱끈펭귄 1마리가 바닥에 배를 깔고 잠들었다. 엎드린 채
발을 털고 배 속으로 넣어 감췄다. 발이 배 안쪽 깊숙이 들어

가서 보이지 않는다. 쉽게 잠이 오지 않는지 눈을 감았다 떴다 반복하며 몸을 더 웅크린다. 근처 바위에 바짝 엎드려 그 모습을 지켜봤다.

펭귄이 자는 모습은 제각각이다. 어떤 녀석은 선 채로 날개에 부리를 박고 잔다. 잠깐 선잠을 잘 때는 굳이 엎드리지 않고 그대로 자리에 서서 자는 것 같다. 자는 동안 부리로 열이 빠져나갈 수 있으니 날개에 콕 박는 것으로 보인다. 까치 같은 조류들도 대체로 부리를 날개 한쪽에 넣고 잔다. 어떤 녀석은 날개와 다리를 쭉 뻗고 그대로 엎드려 죽은 듯이 자기도 한다.

하지만 깊은 잠을 이루는 펭귄은 거의 보지 못했다. 새끼를 품는 동안 잠시 눈을 감았다 떴다 하며 선잠에 들었다가 도둑갈매기가 오는 낌새가 느껴지면 재빨리 일어나 경계 태세를 갖춘다. 새끼를 키우는 동안엔 낮과 밤을 가리지 않고 활동한다.

2014년에는 약 20일에 걸쳐 젠투펭귄 부모의 활동 시간을 조사했는데, 날씨만 허락한다면 낮과 밤 모두 바다로 나가 헤엄치는 것으로 나타났다. 해가 지고 밤이 있는 아남극권에 사는 펭귄은 주로 낮에 활동하고 밤에는 쉬는 것으로 알려져 있지만, 자정이 넘어서도 밝은 남극권에 있는 펭귄은 시간의 구애를 받지 않는다.

*

갈라파고스에 사는 큰군함조Great Frigatebird는 장거리 비행을 하는 해양조류로, 며칠 동안을 쉬지 않고 비행한다. 찰스 다윈은 1839년 갈라파고스 제도에서 큰군함조를 관찰하며 "날개와 다리가 절대 바다에 닿지 않는다. 큰군함조가 바다에 내려앉는 것을 봤다는 얘길 들어본 적이 없다"라고 적었다.

독일 막스플랑크 조류학연구소의 닐스 라텐보그Niels Rattenborg 박사는 큰군함조 15마리를 16일 동안 조사했다. 그 결과 큰군함조가 비행 중에 뇌의 절반만 잠드는 반구수면을 취하면서 하루 평균 42분 정도만 잠을 잔다는 사실을 밝혀냈다. 하지만 육지에 돌아오면 하루 평균 12시간을 넘게 잔다고 한다. 어떻게 비행 중에 극단적으로 짧은 수면시간을 견디는지 의문이다.

라텐보그 박사와는 해양조류학회에서 만나 개인적으로

이야기를 나눈 적이 있다. 그는 펭귄의 수면에도 관심이 많았다. 펭귄 역시 큰군함조처럼 장기간에 걸쳐 쉬지 않고 바다를 이동하기 때문이다. 군함조와 비교하면 펭귄은 더욱 심한 생태적 압박을 받는다. 바다에서 잠들면 그대로 물에 빠져 죽을 수 있을뿐더러 포식자에게도 무방비로 노출된다.

내가 2015년 12월에 턱끈펭귄 6마리를 추적한 결과를 보면, 바다에 나갔다 돌아오는 데는 보통 3일 정도가 걸렸다. 그중에는 4일이 넘도록 바다에서 쉬지 않고 헤엄을 치다 돌아온 암컷 1마리도 있었다. 어떻게 잠들지 않고 버틸 수 있었을까? 아직까진 아무도 연구하지 않아 알 수 없지만, 매일 7시간 넘게 자는 나 같은 인간은 이해하기 힘든 그들만의 생태적 비밀이 숨어 있을 것이다.

최근 라텐보그 박사를 통해 소개받은 프랑스 연구자 폴 앙투안 리부렐Paul-Antoine Libourel과 함께 펭귄에 부착할 수 있는 수면파 측정 장치에 대해 의논하고 있다. 아직 개발 단계지만, 펭귄의 수면을 성공적으로 측정할 수 있게 되면 그들이 오랫동안 잠들지 않고 버틸 수 있는 이유를 밝혀낼 수 있을지 모른다.

날개에 부리를 박고 자는 젠투펭귄.
바위 위에 서서 자면서도 균형을 잘 잡는다.

호기심

1월 18일
최저 0도, 최고 영상 3도
흐리고 비 또는 눈, 남동풍 풍속 5~9 m/s

턱끈펭귄의 포획 작업을 하고 있는데 뒤에서 자꾸 부스럭
거리는 소리가 났다. 오싹한 기분에 뒤돌아보니 턱끈펭귄 2
마리가 1미터쯤 떨어져서 나를 지켜보고 있다. 한 녀석은 포
획용 그물 속에 들어가서 망을 물어뜯고 있다.
"미안하지만 너희들을 잡을 때 쓰는 거란다."
나지막한 목소리로 펭귄에게 말했지만 전혀 신경 쓰지 않
는 듯했다. 저러다 그물에 다리가 걸릴까 싶어 자리에서 일
어났더니 그제야 물러난다.

가끔 펭귄과 눈이 마주칠 때도 있다. 가만히 서로의 눈을 보며 정적인 시간이 흐를 때면 확신할 순 없지만 펭귄도 나를 보며 무슨 생각을 하는 것처럼 느껴진다. 그럴 때는 펭귄의 생각이 너무 궁금하다. 물론 모든 펭귄이 사람에게 관심을 보이진 않는다. 같은 턱끈펭귄이라 하더라도 인간에게 보이는 반응은 1마리, 1마리 모두 다르다. 먼저 다가가지 않는한 나를 무시하고 지나가는 경우가 가장 많다. 그러다 간혹나에게 관심을 보이며 다가오는 녀석들이 있다.

아리조나에 서식하는 조류인 멕시코어치Mexican Jay를 연구하던 대학원생 시절에도 비슷한 일을 겪었다. 지도 교수와함께 멕시코어치를 잡아서 발목에 가락지를 달아주는 일을하는데 한 녀석이 나를 따라다닌 적이 있다.

새를 포획하려면 덫을 설치해놓고 멀찌감치 떨어진 곳에서 기다려야 한다. 어느 날, 나무 밑에서 쌍안경을 들여다보며 새들이 오길 기다리고 있는데 머리 위에서 이상한 소리가들렸다. 고개를 드니 손을 뻗으면 닿을 정도의 거리에서 멕시코어치 1마리가 날 쳐다보고 있었다. 한쪽 다리에 노란색가락지를 달고 있는 것으로 보아 몇 해 전 이미 사람에게 포획된 적이 있는 새였다. 옆에 있던 지도 교수는 나와 그 새를 번갈아 보며 웃었다.

"그 애가 널 좋아하나 봐. 구애할 때 짝에게 내는 소리를 내고 있어. 이런 건 처음 보는걸."

그 이후로도 녀석은 종종 나를 따라다녔고, 그럴 때면 왠지 모르게 어깨가 으쓱했다. 멕시코어치와 교감을 한 것 같은 느낌이 들어서, 무엇보다 나를 싫어해서가 아니라 호감이 있어서인 것 같아 기분이 좋았다. 노란 가락지를 단 녀석은 왜 나에게 관심을 나타냈던 걸까?

인간의 경우에 비추어 생각해보면 같은 동물들 간의 성격 차이도 당연한 일일 수 있다. 심리학에서는 인간의 성격 유형을 매우 세분화해서 16가지 혹은 그 이상으로 나누기도 하니 이런 사실로 미루어보면 인간이 아닌 다른 동물도 개체마다 성격이 다를 수 있다는 것은 실은 당연한 이야기다. 실제 약 100여 종이 넘는 동물이 성격personality을 가지고 있다고 알려져 있다.

동물행동학자들은 몇 가지 행동 기준을 토대로 성격을 나누는데, 가장 흔히 측정하는 지표는 개체가 얼마나 대담한가boldness 혹은 소심한가shyness이다. 이는 낯선 물체를 보여주었을 때의 반응으로 측정한다. 이 잣대를 적용해보면, 내가 만났던 멕시코어치와 펭귄은 분명 대담한 녀석들로 보인다. 처음 본 이원영이란 인간에게 그리 가까이 다가온 걸 보면 호기심이 많고 용감한 성격을 가졌을 것이다.

펭귄이 걷는 모습에서도 성격이 드러난다. 경사진 높은 바위를 내려갈 때 어떤 펭귄은 폴짝 뛰어내리지만 어떤 펭귄은 바위를 끼고 옆으로 돌고 돌아서 한 발짝씩 조심스레 내려간다. 학자들의 보고에 따르면, 대담한 성격을 가진 개체들이 먹이도 잘 찾고 번식도 잘한다고 하지만 분명한 단점도 있다. 바로 위험에 대한 노출이다. 낯선 물체가 얼마나 위험한지 잘 모르는 상태에서 쉽게 다가가면 자칫 큰 위험에 처할 수 있다. 대담함은 무모함에, 소심함은 신중함에 가깝다. 따라서 개체가 어떤 환경에 처했느냐에 따라 대담함이 큰 이득을 가져다줄 수도, 소심함이 목숨을 지켜줄 수도 있다.

나에게 다가왔던 턱끈펭귄은 어쩌면 운이 좋은 녀석이었을지도 모른다. 나는 펭귄에게 무한한 애정을 품은 인간이기에 그저 신기하게 바라보았을 뿐이니까. 하지만 19세기 유럽에서 온 인간들은 기름을 얻기 위해 몽둥이를 들고서 수많은 펭귄을 죽였다. 문헌에 따르면 1867년 한 회사에서 도살한 임금펭귄이 40만 5,600마리에 이르렀다는 기록이 남아 있다.

오랜 세월 인간이 없는 곳에서 살아온 펭귄들에게 정말 참혹한 재앙이었다. 그때 대담한 펭귄들은 낯선 인간에게 가까이 다가갔다가 먼저 희생되지 않았을까. 날지 못하니 쉽게 도망가지도 못했겠지만, 애초에 인간을 포식자라고 여기지도 않았을 것이다.

발자국 소리가 나서 뒤를 돌아보니 아델리펭귄이 서 있었다.

단식

1월 19일
최저 0도, 최고 영상 3도
구름 많음. 서풍 풍속 8~12 m/s

깃갈이를 하는 펭귄이 나타나기 시작했다. 보통 번식이 끝나가는 2월 말부터 깃갈이를 시작하는데, 한 달이나 일찍 시작하는 것으로 봐서 올해 번식에 실패했거나 아니면 번식 자체를 시도하지 않은 어린 개체가 아닐까 싶다.

펭귄에게 깃은 일종의 방수복인데 늘 이 방수복을 입은 채로 생활하기 때문에 해져서 기능을 제대로 못하게 될 수도 있다. 따라서 펭귄은 1년에 한 번씩 깃갈이를 하며 새 옷으로 갈아입는다. 깃갈이는 보통 2~3주 정도 걸리며 이 기간 동안 펭귄은 바다에 들어가지 않고 육지에 가만히 서서 깃털이 새로 나기만을 기다린다. 바다에 나가지 않으면 사냥을 할 수 없으므로 자동적으로 단식에 들어가는 셈이다. 깃갈이를 하는 동안 펭귄은 영양 공급이 끊긴 상태를 참아내며 체내에 축적된 지방과 단백질로 몸 상태를 유지하고 깃털을 만들어야 한다.

포유류도 장기간 단식을 할 때가 있다. 동면을 하는 곰, 다람쥐 등이 가장 대표적인 동물이다. 겨울잠을 자는 동안은 영양 공급이 중단되기 때문에 몸에 비축해놓은 영양분을 서서히 소모한다. 특히 높은 열량을 낼 수 있는 지방을 에너지원으로 이용해 생존을 유지한다.

그런데 최근 연구 결과들을 보면, 동면하는 기간 동안 장내에 있는 미생물 군집이 변화한다는 사실이 밝혀졌다. 실험용 쥐에게 먹이 공급을 중단하고 하루가 지나면 장내 미생물이 급격하게 변하면서 숙주인 포유동물의 지방 에너지 대사에 기여한다는 사실이 밝혀진 것이다. 장 속에 사는 미생물이 숙주의 에너지 손실을 감소시키는 역할을 하는 셈이다.

호주의 듀어Meagan Dewar 박사는 펭귄이 깃갈이를 하며 단식에 들어가는 동안 장내 미생물을 채취해 조사했다. 야생에 있는 임금펭귄과 쇠푸른펭귄이 깃갈이를 시작할 즈음 포획한 뒤 총배설강Cloaca(배설 기관과 생식 기관을 겸하는 구멍) 부분을 면봉으로 긁었다. 그리고 약 2주 뒤 깃갈이가 끝나갈 즈음 다시 같은 방식으로 샘플링을 했다. 이 두 면봉에서 채취한 장내 미생물을 분석한 결과, 두 종 모두에서 미생물 군집이 크게 변화한 것을 확인했다. 쥐 실험에서처럼 장내 미생물이 숙주인 펭귄의 물질대사에 어떤 기능을 하는지까지는 정확히 밝혀지지 않았지만 체내의 지방을 소비하는 데 기여할 것으로 추측된다.

어린 펭귄은 깃갈이를 하는 동안에도 끊임없이 부모에게서 먹이를 받아먹었다. 제법 몸집도 큰 녀석이 가끔은 너무한다 싶을 정도로 먹이를 조르며 부모를 쫓아다닌다. 새끼 입장에선 깃갈이에 필요한 영양분을 얻기 위한 행동일 것이다. 그래서 부모 펭귄은 새끼의 깃갈이가 끝난 뒤에야 자신의 깃갈이를 시작한다. 자식에게 밥을 먹이고 옷도 다 갈아입힌 뒤에 자기 옷을 갈아입는 것이다.

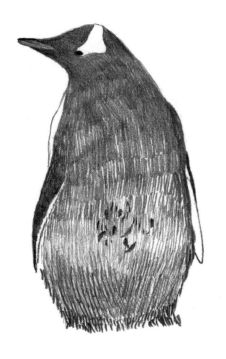

깃털이 빠지기 시작한 젠투펭귄.
털이 빠지는 2~3주 동안은 바다에 들어가지 않고
육지에서 단식에 들어간다.

보육원

1월 20일
최저 0도, 최고 영상 3도
흐리다가 차차 맑음, 남서풍 풍속 3~7 m/s

　해안가에서 남극물개를 만났다. 짙은 갈색의 털이 주변의 바위 색과 어우러져 쉽사리 눈에 띄지 않았다. 거의 5미터 이내 거리에서야 가까스로 알아채고 뒷걸음질을 쳤다. 하마터면 밟을 뻔했다. 웨델물범이 눈 위에서 옆으로 누워 자는 경우가 많은 반면 남극물개는 바닷가 바위 위에서 엎드린 자세로 잘 때가 대부분이다. 귓바퀴가 겉으로 돌출되어 있고 수염이 길어서 얼굴을 보면 물범과는 쉽게 구별된다. 게다가 코끝이 정말 개와 비슷하게 생겼다. 가끔 지느러미로 바닥을

짚은 채 몸을 반쯤 일으키기도 하는데 이런 동작은 물개에게 서만 나타난다.

젠투펭귄 번식지엔 보육원Crèche이 생겼다. 알에서 나온 뒤 약 4~5주가 지나면 둥지를 나온 새끼들이 한데 모이기 시작 한다. 함께 몸을 기대고 체온을 나누며 포식자에 공동으로 대응하기 위한 목적이다. 바다에서 먹이를 잡고 돌아온 부모 는 이곳으로 찾아와 자기 새끼를 불러내어 먹이를 준다. 프 랑스어로 보육원을 뜻하는 'Crèche'를 동물행동학에서도 그대로 가져다 쓰는데, 정말 인간의 보육원과 비슷한 점이 많다.

오늘은 젠투펭귄과 턱끈펭귄 성체의 발목에 지오로케이 터Geolocator를 달아주는 작업을 마무리했다. 지오로케이터 는 무게가 2.5그램밖에 되지 않는 아주 작은 기록 장치다. 장 치 내부엔 빛을 감지하는 센서가 달려 있어서 언제 해가 뜨 고 졌는지를 알 수 있어 이를 통해 낮의 길이를 계산한다. 이 값으로 대략적인 위도와 경도 값을 구해 그날 펭귄이 있었던 위치를 알 수 있다. 위성 신호를 이용하는 위치기록계에 비 해 오차가 크지만 크기가 작고 배터리가 적게 들어 펭귄의 장기간 이동 경로를 파악하기엔 가장 알맞은 장비다.

펭귄에게 지오로케이터를 달아주는 방법은 다음과 같다. 우선 기다란 케이블타이를 플라스틱 튜브로 감싸 부드럽게 만든다. 그다음 접착제를 이용해 튜브 한쪽에 지오로케이터를 붙인다. 이렇게 준비된 케이블타이를 펭귄의 발목에 감아주면 끝이다. 이때 펭귄의 발목이 조이지 않도록 느슨하게 달아 헛돌 수 있게 하는 것이 중요하다. 잘못하면 펭귄의 발목을 불편하게 만들어 움직임에 영향을 줄 수도 있기 때문이다.

*

펭귄들의 마음은 보이지 않는다. 겉으로 드러난 행동을 보고 추측할 뿐이다. 그런 추측에는 한계가 있지만, 그럼에도 불구하고 어떻게 하면 그들을 잘 이해할 수 있을지 고민한다. 펭귄은 얼마나 깊이, 얼마나 멀리 수영할 수 있을까? 다른 펭귄들하고는 어떻게 대화할까? 드넓은 바다에서 어떻게 먹이를 찾을까? 직접 대화하며 궁금한 점을 물어볼 수 있다면 좋겠지만 그건 불가능한 일이다. 그 대신 위치기록계나 비디오카메라 등의 장비를 이용해 그들의 생활을 엿볼 수는 있다. 그렇게 얻은 데이터를 해석한다고 해도 그들의 생활을 온전히 알아내기는 어렵겠지만 조금씩 이해하고 다가갈 수는 있다. 그리고 그것이 내가 하는 일이다.

몸집이 큰 새끼들이 둥지를 떠나 모이기 시작하면서
펭귄 보육원이 생겼다.

변화

1월 21일

최저 0도, 최고 영상 3도

흐리고 비 또는 눈. 남동풍 풍속 7~11 m/s

눈이 내렸다. 턱끈펭귄은 눈이 내리는 방향을 등지고서 새
끼를 가슴에 품었다. 부모의 등엔 수북하게 눈이 쌓였고 새끼
는 부모의 몸에 파묻혀 있다. 얼굴은 보이지 않고 두툼한 몸
통만 보인다. 새끼가 눈을 맞지 않게 막아주려는 것이겠지.

번식지 외곽에서는 턱끈펭귄 1쌍이 눈을 맞으며 짝짓기
에 열중이다. 수컷이 암컷 위에 올라탔고 암컷은 고개를 들
어 수컷과 부리를 맞댔다. 눈을 맞으며 사랑을 나누는 모습
이 꽤나 애절해 보였지만, 부질없어 보였다. 다른 펭귄들은

벌써 새끼가 다 컸는데 이제야 허술한 둥지를 만들고 번식을 시도하는 걸 보니 아마도 이제 막 번식기에 접어든 어린 개체들인 것 같다. 지금 짝짓기를 해봤자 알을 낳아 키우기엔 너무 늦은 때다. 내년부턴 남들처럼 10월 말엔 도착해서 11월부터 둥지 지을 자리를 잡고 짝짓기를 서둘러야 한다.

번식지에서 해변으로 가는 길목에 작은 물웅덩이가 생겼다. 언덕에서 눈이 녹아 흘러내려 민물이 모이는 곳이다. 사람 발목 정도까지 차는 얕은 물웅덩이에 들어간 펭귄은 몸을 뒤집어가며 구석구석 물을 묻혔다. 마치 목욕을 하는 것 같다.

젠투펭귄이 모여 있는 번식지의 풍경도 많이 변했다. 둥지가 있던 자리는 거의 비었고, 새끼들은 양지바른 곳에 옹기종기 모여서 잠을 자고 있다. 마치 죽은 것처럼 날개와 발을 뻗은 채 눈을 감고 잔다. 어떤 녀석들은 서로 몸을 포갠 채 자는데, 그런 모습을 보고 있으면 평화라는 단어가 절로 떠오른다. 이 정도 큰 새끼들은 도둑갈매기들도 쉽게 공격하지 못하기 때문에 포식자에 대한 경계도 거의 없다.

잠에서 깬 새끼들은 고개를 두리번거리며 날갯짓을 하기도 한다. 힘차고 빠르게 날개를 움직이지만 부모의 딱딱한 날개와는 달리 아직 부드럽고 힘이 없어서 버드나무 가지가 바람에 흔들리는 것처럼 팔랑거린다.

한쪽에서는 급하게 뛰어가는 부모와 그 뒤를 쫓는 새끼의 모습이 보인다. 보통 새끼 2마리가 함께 부모를 따라 뛰어가는데, 이때 부모는 자신을 끝까지 쫓아온 녀석에게 먹이를 준다. 가끔 배고픔을 과장해 계속해서 먹이를 요구하는 경우가 있기 때문에 둘 중 정말 배고픈 녀석에게 먹이를 주려는 부모의 전략이다. 부모의 입장에선 2마리의 새끼에게 먹이를 얼마큼씩 줘야 하는지가 고민이고, 새끼의 입장에선 가능한 한 많이 먹는 것이 중요하다. 새끼는 제대로 소화를 못 시키는 한이 있더라도 일단 먹이를 충분히 얻어내는 쪽이 유리하므로 배고픔을 과장해 계속 먹이를 요구하는 경우가 많다. 부모는 자신을 끝까지 따라오는 녀석, 다시 말해 정말로 배고픈 녀석을 골라내어 먹이를 분배하기 위해 이런 방식을 이용한다.

먹이를 조르며 따라가는 새끼와 도망가는 부모 펭귄.

준비

1월 22일
최저 0도, 최고 영상 3도
흐리고 비, 북서풍 풍속 7~11 m/s

내일이면 한국으로 돌아가는 비행기를 타야 한다. 펭귄을 관찰하는 동안 빠르게 시간이 지나버렸다. 벌써 남극에 온 지 42일이 되었다는 사실이 믿기지 않는다.

아침부터 짐을 꾸렸다. 기지에 두고 갈 물건과 한국에 가지고 갈 물건을 나누었다. 내년에도 쓸 물건은 숙소 뒤편에 있는 컨테이너에 넣어두었다. 그러고는 지갑을 어디에 두었는지 기억나지 않아 방을 온통 뒤졌다. 남극에 있는 동안 지갑을 꺼낼 일이 전혀 없어서 신경 쓰지 않고 있었던 탓이다.

다행히 캐리어 가방 안쪽 주머니에서 지갑을 찾았다. 3일 전부터 보이지 않던 휴대전화도 침대를 정리하다가 찾았다. 여기 와선 휴대전화를 사진기나 오디오 대용으로만 쓰기 때문에 자꾸 어디다 뒀는지 잊게 된다.

틈틈이 도서관에서 빌려 왔던 소설책들도 책상과 침대 구석에서 계속 나왔다. 그렇게 10권이 넘는 책을 차곡차곡 쌓아 두 손으로 받쳐 들고는 도서관으로 가 한꺼번에 반납했다. 가나다순으로 정리된 소설 코너 속 제자리를 찾아 꽂아 두고서, 벽에 붙어 있는 대출 목록에 책을 돌려놓았다고 표시했다. 도서관을 나서기 전, 마지막으로 책들을 둘러보다가 한쪽 구석에서 '눈 나라 이야기'라는 이름의 파일을 발견했다. 검은 플라스틱 파일 안에는 A4 크기의 종이 뭉텅이가 들어 있었다. 예전 월동대원들이 만든 일종의 문집이었다.

22년 전인 1996년의 기록이 담긴 종이는 누렇게 바랬고 오래된 책에서 나는 냄새가 났다. 잉크젯프린터로 출력한 안상수체 글씨들이 세월의 흔적을 말해준다. 대원들이 돌아가며 쓴 일기가 12월부터 이듬해 11월까지 순서대로 담겨 있다. 대부분 가족에 대한 그리움을 이야기하고 있다. 가족에게 보내는 편지를 쓴 사람도 있고, 그리움을 시로 노래한 사람도 있다. 책의 뒷부분에는 최불암 유머 시리즈도 있다. 지금처럼 인터넷이나 국제전화를 마음껏 쓰지 못했던 시절, 꼬박 1년이라는 시간을 남극에서 보낸 사람들은 이렇게 문집을 만들고 서로 돌려 읽으며 시간을 보냈구나, 하는 생각에 절로 웃음이 났다. 하지만 최불암 유머 시리즈는 반복해서 읽어도 어느 부분에서 웃어야 하는지 이해하기 어려웠다.

*

오후엔 펭귄들에게 마지막 인사를 하기 위해 길을 나섰다. 조사 장비는 그대로 두고서 홀가분하게 맨손으로 걸으니 발걸음이 가벼웠다. 곧장 세종이와 남극이, 겨울이가 있던 둥지로 향했다. 겨울이가 둥지를 떠나 다른 새끼들과 보육원에 들어갔기 때문에 그 자리에 있을 가능성은 적었지만, 만약 다시 만날 수 있다면 원래 둥지가 있던 자리 근처가 가장 확률이 높았다.

하지만 역시나 둥지엔 아무도 없었다. 조금 더 기다리다가 언덕을 따라 밑으로 조금 걸어 내려오는데 부리가 큰 녀석과 얼굴에 흰 점이 흩뿌려진 녀석이 나타났다. 세종이와 남극이다. 게다가 겨울이로 보이는 덩치가 큰 새끼도 함께였다.

겨울이의 몸집은 이제 부모인 세종이, 남극이와 거의 비슷해 보인다. 실제로 이맘때 새끼의 몸무게는 약 4킬로그램 정도로 부모의 무게와 거의 차이가 없다. 새끼는 머리부터 등까지 부모와 같은 깃털이 나기 시작했지만 여전히 솜털이 남아 있어서 겉모습으로 부모와 쉽게 구별된다. 깃갈이에 필요한 영양분을 보충하려면 어미와 아비에게 많은 먹이를 받아먹어야 할 것이다. 겨울이는 몸집이 비슷한 세종이를 따라다니며 계속 먹이를 졸랐다. 언뜻 보아도 한 주먹 정도 되는 것 같은 잘 반죽된 크릴 덩어리가 입에서 입으로 옮겨졌다. 정신없이 먹이를 받아먹던 겨울이는 크릴 조각을 땅바닥에 흘리기도 했다.

다들 잘 지내고 있구나, 곧 돌아올 남극의 겨울을 잘 이겨내렴. 내년에 또 보자. 펭귄의 언어로 말을 건네진 못하고 대신 인간의 언어로 마지막 인사를 건넸다.

눈 주변에 흰 점이 많은 남극이와
부리가 유난히 긴 세종이.

출남극

1월 23일

최저 0도, 최고 영상 3도

구름 많음, 서풍 풍속 4~8 m/s

아침에 눈을 뜨자마자 창밖의 날씨를 확인했다. 조금 흐리긴 하지만 파도가 잠잠하다. 국기게양대의 태극기가 흔들리지 않고 그대로 있다.

"출남극出南極 대상자들은 부두 앞으로 모여주세요."

기지에서 방송이 나왔다.

"출남극이 무슨 뜻이에요?" 남극 방문이 처음인 연구자가 물었다. 처음 듣는 단어에 조금 어리둥절한 표정이다.

"남극을 나간다는 뜻이에요. 오늘 세종기지를 떠나는 분들은 고무보트를 타는 곳으로 모이셔야 합니다."

여기선 남극을 나간다는 의미로 '출남극'이란 용어를 쓴다. 보통 비행기를 타고 다른 나라로 갈 때 '출국出國'이란 표현을 쓰지만, 남극에서 나갈 땐 출국이 아니다. 남극은 누구의 나라도 아니기 때문이다. 출남극은 국가의 소속이 아닌 땅에서 국가의 세계로 가는 것이다. 지갑과 여권이 필요한 세계로.

30여 명의 연구자들이 부두 앞에 모였다. 하늘엔 남방큰재갈매기가 날았다. 오늘따라 유난스럽게 울어댄다. 나를 포함해 한국으로 떠나는 사람들은 상기된 표정이다. 다들 웃으며 세종기지를 배경으로 사진을 찍었다.

월동대원들이 떠나는 사람들을 배웅하러 나왔다. 두 달도 안 되는 짧은 기간이었지만 함께 생활하며 정이 깊게 들었다. 나는 대원들과 전화번호를 교환하고 인사를 나누었다.

"1년 동안 무사히 잘 지내세요. 먼저 갑니다!"

10명씩 3대에 나누어 탄 고무보트가 출발한다. 기지에 남은 월동대원들은 모두 웃으며 손을 흔드는데 어딘가 모르게 쓸쓸해 보인다. 고무보트는 바다를 가로질러 인근 칠레 공군 기지로 향했다. 보트를 타고 가는 동안 펭귄 몇 마리가 수면

위로 뛰어올랐다. 마치 나를 배웅하러 나온 것 같은 생각이
들었다.

칠레 공군기지에 도착해 활주로 근처 대기실에서 비행기
를 기다리는 2시간 동안은 다들 말없이 안내 방송을 기다렸
다. 2년 전 기상 악화로 비행기가 갑자기 취소되어 이틀 동
안 대기했던 기억이 떠올랐다. 남극은 들어가기도 힘들지만
나가는 것도 쉽지 않다. 다들 초조하고 지친 얼굴이다.

다행히 비행기가 출발한다는 안내가 나왔다. 모두 환호하
며 비행기에 올랐다. 남극에서 칠레 푼타아레나스까진 약 3
시간이 걸린다.

*

비행기에서 내리니 가을 날씨다. 차가운 바람이 불었지만
날카롭진 않다. 햇살이 얼굴에 닿으니 따뜻한 기운이 느껴진
다. 어디선가 낯선 냄새가 난다고 생각했는데 아스팔트 냄새
였다. 활주로에서 주차장으로 가는 내내 아스팔트, 시멘트,
자동차 매연 냄새가 코를 자극한다. 공항에서 숙소로 가는
창밖으로 바라본 도로변 가로수가 예사롭지 않다. 오랜만에

보는 나무가 반갑다. 분명 남극으로 향하는 길에도 봤던 나무들일 텐데 그사이 키가 더 큰 것처럼 느껴진다.

숙소에 도착해 두꺼운 점퍼는 벗어두고 식사를 하러 나섰다. 지갑과 휴대전화를 챙겨야 했다. 이제 돈을 내고 밥을 사먹어야 하고, 사람들과 전화로 연락해 약속을 정해야 한다. 식당으로 향하는 길에는 커다란 개 1마리가 나를 쫓아왔다. 한국의 진돗개를 닮은 녀석이었다. 길가 벤치에 앉았더니 녀석도 내 옆에 나란히 앉는다. 얼굴과 등을 만져주었다. 남극에서 잠시 잊고 있었던 도시의 동물 내음이 났다. 남극이 아닌 곳으로 돌아왔다는 사실이 비로소 몸으로 느껴진다. 이제 한국으로 돌아갈 일만 남았다.

영상 3도까지 올라간 어느 더운 오후, 혀를 내밀고 숨을 헐떡이는
새끼 젠투펭귄. 따뜻한 남극의 여름이 절정에 이르렀다.

에필로그

칠레 푼타아레나스에서 출발해 산티아고에 내렸을 때는
영상 30도가 넘는 여름이었다. 그리고 다시 스페인 마드리드
에 도착했을 때는 낮 기온이 10도 수준으로 쌀쌀한 가을이
었다. 드디어 한국에 도착하자 영하 17도의 추운 겨울이었
다. 불과 며칠 새 극단을 오갔다.

인천공항에 내렸을 때는 8시가 넘은 밤이었다. 남극에서
보지 못했던 깜깜한 밤하늘이 반가웠다. 남극에서 한국으로
돌아와 집으로 향할 때면 늘 안도감과 함께 왠지 모를 그리

움을 느낀다. 다시 남극으로 돌아가 펭귄을 보고 싶은 마음은 아니지만 뭔가 중요한 것을 두고 왔을 때 드는 허전함이다. 원래 있어야 할 제자리에 왔다기보다 애초에 내 자리는 한곳에 정해져 있지 않은 것 같은 기분이다.

남극체험단원들과는 한국에 돌아와서 함께 식사를 하고 술자리를 가졌다. 불과 일주일밖에 되지 않는 기간이었지만 동지애 같은 끈끈함이 생겼다. 남극에서 함께한 시간이 어느덧 추억이 되었다. 그간 공승규 씨는 쌍둥이 아빠가 되었고, 전현정 씨는 어린이용 생태 도서를 출간했다. 이소영 씨는 어느 항공사에서 여행자로 선발돼 아시아 100개 도시를 다녀왔다. 정승훈 씨는 사회적 기업을 창업해 암 환자를 돕는 일을 시작했다. 나는 지난여름 동안 북극 그린란드 조사를 다녀왔고, 겨울엔 장보고기지에서 아델리펭귄을 연구하고 돌아왔다.

이 책은 남극에서 지낸 하루하루를 기록한 이야기지만, 동시에 펭귄이 성장해가는 과정을 담은 관찰일기이기도 하다. 펭귄이 알을 깨고 나와 혼자 살 수 있을 때까지 성장하는 모습을 처음부터 지켜보고 싶었다.

태어난 지 불과 한 달 만에 세상을 떠난 여름이를 추억한

다. 남극을 떠나기 전날, 인사를 할 수 있게 해준 세종이, 남
극이, 겨울이에게 고맙다. 돌아오는 남극의 여름까지 잘 살
아남기를.

2019년 6월 인천 송도에서

본 연구는 극지연구소 '남극특별보호구역 모니터링 및 남극기지 환경관리에
관한 연구(4), 과제번호 PG17040', '극지연구소와 함께하는 남극체험단' 운영
사무국의 지원을 받았음을 밝힙니다.

남극체험단 소영 씨가 그려준 펭귄박사 그림.

영상으로 보는 펭귄의 여름

펭귄의 여름
남극에서 펭귄을 쫓는 어느 동물행동학자의 일기

1판 1쇄 펴냄 | 2019년 6월 19일
1판 4쇄 펴냄 | 2022년 5월 18일

지은이 | 이원영
발행인 | 김병준
편 집 | 한의영
디자인 | 위앤드 · 이순연
마케팅 | 정현우
발행처 | 생각의힘

등록 | 2011. 10. 27. 제406-2011-000127호
주소 | 서울시 마포구 독막로6길 11, 우대빌딩 2, 3층
전화 | 02-6925-4184(편집), 02-6925-4188(영업)
팩스 | 02-6925-4182
전자우편 | tpbook1@tpbook.co.kr
홈페이지 | www.tpbook.co.kr

ISBN 979-11-85585-69-7 03470